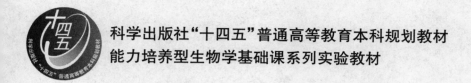

科学出版社"十四五"普通高等教育本科规划教材

能力培养型生物学基础课系列实验教材

生物化学实验教程

（第四版）

刘　箭　杜希华　主编

科学出版社

北　京

内 容 简 介

《生物化学实验教程》(第四版)在第三版的基础上增加了荧光分析蛋白质构象变化、分子伴侣辅助蛋白质复性和 NanoDrop 分析 DNA 增色效应等实验内容。全书共分为三部分:第一部分为基础性实验,介绍生物化学实验的基本原理和技术。第二部分为综合性实验,主要介绍蛋白质的纯化鉴定及部分分子生物学实验技术。以上两部分实验包含了层析、紫外-可见分光光度、荧光分光光度、电泳、离心分离和生物发光等技术,涉及蛋白质、核酸、维生素、糖、脂和激素的分离、制备、定性和定量分析,以及生物大分子的结构和功能分析。第三部分为研究性实验,实验用时略长,以培养学生独立科研能力为主要目的。

第四版教材保持了前三版科学、严谨和可操作性强的特点,又补充了新的实验内容,更贴近学科发展前沿。本书可供高等师范院校生命科学专业学生使用,也可供非师范院校生物学相关专业的学生、教师、研究人员和中学生物学教师参考。

图书在版编目(CIP)数据

生物化学实验教程 / 刘箭,杜希华主编. —4 版. —北京:科学出版社,2022.11(2024.5重印)
科学出版社"十四五"普通高等教育本科规划教材
能力培养型生物学基础课系列实验教材
ISBN 978-7-03-073284-2

Ⅰ. ①生… Ⅱ. ①刘… ②杜… Ⅲ. ①生物化学一实验一高等学校一教材 Ⅳ. ①Q5-33

中国版本图书馆 CIP 数据核字(2022)第 179163 号

责任编辑:朱 灵 / 责任校对:谭宏宇
责任印制:黄晓鸣 / 封面设计:殷 靓

科 学 出 版 社 出版
北京东黄城根北街 16 号
邮政编码:100717
http://www.sciencep.com
江苏句容市排印厂印刷
科学出版社发行 各地新华书店经销

*

2004 年 9 月第 一 版 开本:B5(720×1000)
2022 年 11 月第 四 版 印张:9 3/4
2024 年 5 月第二十六次印刷 字数:178 000

定价:36.00 元
(如有印装质量问题,我社负责调换)

《生物化学实验教程》（第四版）编委会

主　编：刘　箭　杜希华

副主编：徐德立　石东里　尹春光

编　者：（按姓氏笔画排序）

马忠明　尹春光　邓艳美　石东里

朱　陶　朱路英　刘　箭　刘连芬

杜希华　杜秋丽　杜桂彩　杨红花

张桂春　胡　巍　贺　君　原永洁

徐德立　蔡云飞　臧利国　阚世红

第四版前言

本教材前三版问世后，承蒙读者厚爱，被不少高等院校选用。本教材简明的编写风格、合理的实验方案以及易得的实验结果，得到许多教师和学生的好评。同时，很多读者在学习、使用本教材的过程中，对文中的不足之处提出了宝贵的意见。在此，笔者谨代表全体编写人员向广大读者表示衷心的感谢！

在第四版教材中，为更好地呼应生物化学课堂教学内容，我们根据学科发展的要求和读者的反馈意见，新增了"利用蛋白质内源荧光分析蛋白质构象变化""分子伴侣对变性萤火虫萤光素酶复性的影响"和"NanoDrop 分析 DNA 增色效应"等内容，并对部分实验内容进行了更新和补充，使实验更加贴合理论教学内容，强化对现代生物分析仪器使用的基础训练。

新版教材虽经全体编写人员悉心勘校，疏漏和不妥之处仍在所难免，恳请读者提出宝贵意见。

主　编
2022 年 3 月

目 录

第一部分　基 础 性 实 验

第二部分　综合性实验

第三部分　研究性实验

第一部分

基础性实验

实验 1 氨基酸的分离鉴定
——纸层析法

【实验目的】

    1. 学习氨基酸纸层析法的基本原理。

    2. 掌握氨基酸纸层析法的操作技术。

【实验原理】

    纸层析法(paper chromatography)是生物化学上分离、鉴定氨基酸混合物的常用技术,可用于蛋白质氨基酸成分的定性鉴定和定量测定,也是定性或定量测定多肽、核酸碱基、糖、有机酸、维生素、抗生素等物质的一种分离分析工具。纸层析法是用滤纸作为惰性支持物的分配层析法,其中滤纸纤维素上吸附的水是固定相,展层用的有机溶剂是流动相。在层析时,将样品点在距滤纸一端 2~3 cm 的某一处,该点称为原点;然后在密闭容器中层析溶剂沿滤纸的一个方向进行展层,这样混合氨基酸在两相中不断分配,由于分配系数(K_d)不同,结果它们分布在滤纸的不同位置上。物质被分离后,在纸层析图谱上的位置可用比移值(rate of flow, R_f)来表示。所谓 R_f,是指在纸层析中,从原点至氨基酸停留点(又称为层析点)中心的距离(X)与原点至溶剂前沿的距离(Y)的比值:

$$R_f = \frac{原点至层析点中心的距离}{原点至溶剂前沿的距离} = \frac{X}{Y}$$

    在一定条件下某种物质的 R_f 值是常数。R_f 值的大小与物质的结构、性质、溶剂系统、温度、湿度、层析滤纸的型号和质量等因素有关。

【器材与试剂】

    1. 器材

    层析缸(或标本缸)、点样毛细管(或棉棒)、小烧杯、培养皿、量筒、喉头喷雾器、吹风机(或烘箱)、层析滤纸(新华一号)、直尺及铅笔。

    2. 试剂

    (1) 扩展剂(水饱和的正丁醇和乙酸混合液):将正丁醇、乙酸和水以体积比 4∶1∶1 混合,充分振荡。

（2）氨基酸溶液：0.5%（m/V）组氨酸、丙氨酸、脯氨酸、亮氨酸以及它们的混合液（各组分均为 0.5%）。

（3）显色剂：0.1%（m/V）水合茚三酮正丁醇溶液。

【实验步骤】

1. 准备滤纸

取层析滤纸（长 18 cm、宽 15 cm）一张，在纸的一端距边缘 2 cm 处用铅笔画一条直线（图 1-1），在此直线上做 5 个等距离点。

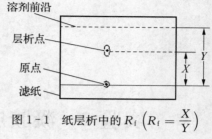

图 1-1　纸层析中的 R_f $\left(R_f = \dfrac{X}{Y}\right)$

2. 点样

用毛细管将各氨基酸样品分别点在这 5 个位置上，干后重复点样 2～3 次。每点在纸上扩散的直径不超过 3 mm。

3. 扩展

用线将滤纸缝成筒状，纸的两边不能接触。将盛有约 20 mL 扩展剂的培养皿迅速置于密闭的层析缸中，并将滤纸直立于培养皿中（点样的一端在下，扩展剂的液面需低于点样线 1 cm）。待溶剂上升 10～12 cm 时即取出滤纸，用铅笔描出溶剂前沿界线，自然干燥或用吹风机冷风吹干。

4. 显色

用喷雾器均匀喷上 0.1% 水合茚三酮正丁醇溶液，然后用吹风机热风吹干或者置烘箱中（100℃）烘烤 5 min 即可显出各层析斑点。

5. 计算

用直尺测量并计算出各标准氨基酸的 R_f 值，同时计算出混合氨基酸的四个层析斑点的 R_f 值。通过与标准氨基酸比较，确定混合氨基酸中各氨基酸在滤纸上的位置。

【要点提示】

1. 取滤纸前，要将手洗净，因为手上的汗渍会污染滤纸，并尽可能少接触滤纸，如条件许可，也可戴上一次性手套拿滤纸。要将滤纸平放在洁净的纸上，不可放在实验台上，以防止污染。

2. 原点不宜太大，直径应小于 3 mm，否则分离效果不好，并且样品用量大，会造成"拖尾"现象。

3. 在滤纸的一端用点样器点上样品，原点要高于培养皿中扩展剂液面约 1 cm。由于各氨基酸在流动相（有机溶剂）和固定相（滤纸吸附的水）的分配系数不同，当扩展剂从滤纸一端向另一端展开时，对样品中各组分进行了连续的抽提，从而使混合物中的各组分分离。

【思考题】

1. 纸层析法的原理是什么?
2. 何谓 R_f? 影响 R_f 的主要因素是什么?

实验 2　凝胶层析法使蛋白质脱盐

【实验目的】

学习凝胶层析法分离纯化物质的原理与操作技术。

【实验原理】

凝胶层析也称凝胶过滤,其分离纯化物质的原理是:凝胶具有网状结构,小分子物质能进入其内部,而大分子物质被排阻在外部,当一混合溶液通过凝胶层析柱时,溶液中的物质就按不同相对分子质量被分开了。凝胶层析过程中一般不变换洗脱液,具有设备简单、操作方便、重复性好和样品回收率高等优点。所以,此法除了常用于分离纯化蛋白质(包括酶类)、核酸、多糖、激素、氨基酸和抗生素等物质外,还可用于测定蛋白质的分子质量、样品的浓缩和脱盐等方面。目前常用的凝胶包括葡聚糖凝胶、聚丙烯酰胺凝胶、琼脂糖凝胶,其中最常用的是葡聚糖凝胶。

葡聚糖凝胶的商品名称为 Sephadex,它是葡萄糖通过 α-1,6-糖苷键形成的葡聚糖长链,与交联剂环氧氯丙烷以醚键相互交联而成的,具有三维空间的多孔网状结构物(图1-2),呈珠状颗粒。

在合成凝胶时,控制环氧氯丙烷的用量,可以制成网孔大小不同的葡聚糖凝胶,即不同规格的凝胶。葡聚糖凝胶从 G-10 到 G-200 有多种类型。G 后的数字代表每克干胶充分溶胀后吸水的克数乘以 10,也反映了凝胶网孔的相对大小,G 后的数字越小,其溶胀后的网孔越小。一般 G-10 到 G-50 适用于蛋白质与小分子或无机盐的分离,G-75 到 G-200 适用于相对分子质量大于 10 000 Da 的蛋白质的相互分离。

蛋白质溶液中如含有无机盐离子,用葡聚糖凝胶层析法可使蛋白质与无机盐分离,效果理想。本实验用 G-25 凝胶使蛋白质与 $(NH_4)_2SO_4$ 分离,当蛋白质的盐溶液进入葡聚糖凝胶时,小分子的 $(NH_4)_2SO_4$ 扩散进入 G-25 的网孔中,而大分子的蛋白质因颗粒直径大,不能进入网孔中,被排阻在凝胶颗粒(固定相)的外

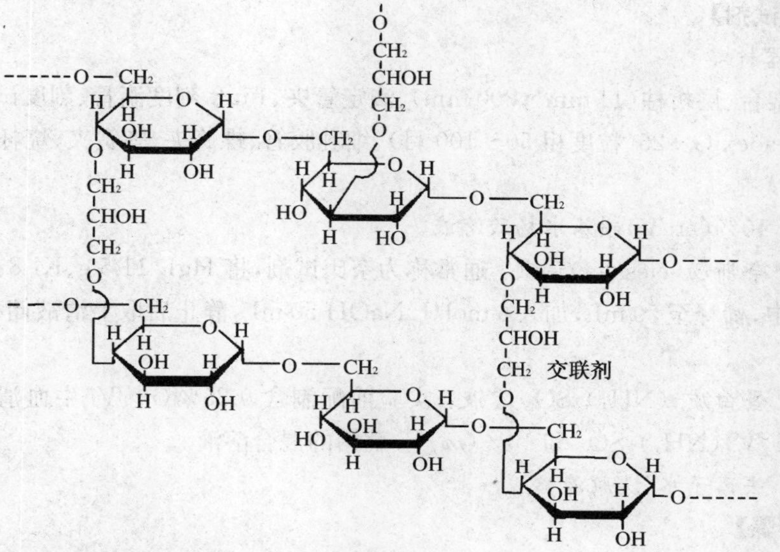

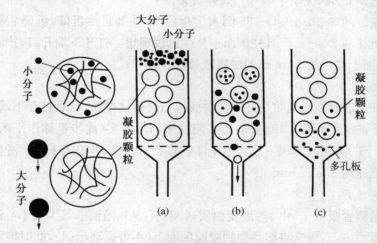

图1-2 葡聚糖凝胶的多孔网状结构示意图

面。加入洗脱液（流动相）洗脱时，因大分子的蛋白质从凝胶颗粒的间隙随洗脱液向下流动，首先被洗脱下来，而小分子的$(NH_4)_2SO_4$可以扩散进凝胶颗粒的网孔之中，在层析柱中移动较慢，需要较大的洗脱体积才能从柱中洗出，这样蛋白质与$(NH_4)_2SO_4$很容易地被分离开，从而达到使蛋白质样品脱盐的目的（图1-3）。

图1-3 凝胶层析法原理示意图
(a) 蛋白质混合物上柱；(b) 样品上柱后，小分子进入网孔，大分子不能
进入，故先洗脱下来；(c) 小分子后洗脱下来

【器材与试剂】

1. 器材

铁架台、层析柱(11 mm×300 mm)、滴定管夹、1 mL 刻度滴管、刻度试管、白瓷板、Sephadex G-25(粒度粗 50~100 目)、细乳胶管、螺旋夹、弹簧夹、烧杯。

2. 试剂

(1) 10%(m/V)磺基水杨酸溶液。

(2) 奈斯勒(Nessler)试剂:通常称为奈氏试剂,将 HgI_2 11.5 g,KI 8 g 溶于去离子水中,稀释至 50 mL,加入 6 mol/L NaOH 50 mL,静止后取上清液储存于棕色瓶中。

(3) 蛋白质-$(NH_4)_2SO_4$ 溶液:实验前配制含 0.25%(m/V)牛血清清蛋白、0.1%(m/V)$(NH_4)_2SO_4$ 和 10%(m/V)蔗糖的混合溶液。

(4) 去离子水(洗脱液)。

【实验步骤】

1. 溶胀凝胶

用去离子水浸泡 Sephadex G-25 24 h 以上(中间换一次水),或用去离子水沸水浴溶胀 2 h 左右。

2. 凝胶装柱

将层析柱固定在铁架台上,两端分别连接乳胶管。上端与洗脱液连通,装一螺旋夹用于调控洗脱速度。先用少量洗脱液洗柱并排出乳胶管中的气泡,待柱中洗脱液高度约 2 cm 时,关闭下端开关式弹簧夹。

将溶胀好的 Sephadex G-25 倒入层析柱中,使其自然沉降,沉降后凝胶柱的高度为层析柱的 3/4~4/5 且柱床面平整度比较理想。打开下端开口,排除多余的洗脱液,床面上维持约 2 cm 高的洗脱液,再关闭下口。

3. 洗柱

通过细乳胶管小心地将烧杯中的洗脱液与层析柱接通,然后打开下端开口,让洗脱液滴下冲洗层析柱,以除去杂质并使柱床均匀密实(此步也称作平衡)。适当时间后(流下的洗脱液体积一般为柱床体积的 2~3 倍),再关闭下口。洗柱过程中注意调整流速约 2 mL/min。

4. 加样洗脱

用刻度滴管吸取 1 mL 样品[蛋白质-$(NH_4)_2SO_4$ 溶液],其尖头小心沿层析柱内壁伸到床面之上,慢慢将样品加到凝胶床面上(不可搅动床面),此时能看到床面上样品与洗脱液之间有一清晰界面。打开下端开口,待样品全部进入凝胶柱中,接通洗脱液,开始洗脱并收集洗脱液。

5. 收集检查

用刻度试管收集洗脱液，每管收集 1 mL。边收集边检查铵盐与蛋白质。

铵盐检查：从每管中取收集液 2 滴置白瓷板穴中，加入奈氏试剂 1 滴，如有铵盐洗脱下来，则有黄红色沉淀，以"＋"的多少表示每穴中出现沉淀的程度。

蛋白质检查：向每管剩余的收集液中加入磺基水杨酸溶液 5 滴，振荡，如有蛋白质洗脱下来，则出现白色浑浊或沉淀，以"＋"的多少表示不同收集管中沉淀的程度。

分析铵盐和蛋白质洗脱的次序，并做出合理解释。

【要点提示】

1. 装柱时，凝胶中的水不宜过多，用玻棒搅动小烧杯中的凝胶，一次性将柱加满，凝胶自然下沉后，凝胶的高度应以层析柱长度的 3/4～4/5 为宜。如果层析柱中凝胶高度不够，应在凝胶床面未形成之前再加入葡聚糖凝胶，要尽量防止由于加胶次数较多，胶中出现节痕。同时，要注意避免柱床内产生气泡。

2. 加入样品时应十分注意不要搅动床面，不要使样品与床面上的洗脱液混合，否则将影响分离效果。

3. 如果层析柱的口径和长度较大，可适当增加收集管的数量。

【思考题】

1. 蛋白质溶液中的盐分为何能通过凝胶层析法被去除？

2. 凝胶层析法在蛋白质分析中还有何应用？

实验 3 蛋白质的沉淀与透析

【实验目的】

1. 学习蛋白质沉淀与透析的基本原理。

2. 掌握蛋白质的可逆沉淀与透析的基本操作技术。

【实验原理】

蛋白质在溶液中因其带电的表面残基与溶剂分子相互作用，形成水化膜，蛋白质保持溶解状态。溶液中加入能破坏水化膜及中和表面电荷的物质，可导致蛋白质发生沉淀。蛋白质的沉淀作用分为可逆的和不可逆的两种。某些试剂[如 $(NH_4)_2SO_4$ 和 NaCl]与蛋白质作用,可使蛋白质沉淀,当沉淀因素被除去后,蛋白质回溶于原来的溶剂中,这种沉淀作用称为可逆的沉淀作用。一些物理因素(如剧烈振荡、搅拌和加热等)或化学因素(如重金属离子、有机酸等),会破坏蛋白质的稳定构象,引起蛋白质变性,即使除去了这些使蛋白质沉淀的因素,蛋白质仍不能回溶于原来的溶剂,此为不可逆的沉淀作用。

盐析是一种常用的可逆的沉淀蛋白质的方法,多用于蛋白质的粗纯化和浓缩。以 $(NH_4)_2SO_4$ 为例,当向蛋白质溶液中缓慢地加入 $(NH_4)_2SO_4$ 时,水分子与 $(NH_4)_2SO_4$ 结合,随着大量的 $(NH_4)_2SO_4$ 加入,与蛋白质结合的水分子被 $(NH_4)_2SO_4$ 抢夺,蛋白质的水化膜被破坏,当 $(NH_4)_2SO_4$ 达到一定浓度后,蛋白质失去水化膜,蛋白质分子间形成巨大的聚集体从溶液中沉淀出来。由于各种蛋白质的性质、结构不同,所以失去水化膜或产生聚集体沉淀所需的 $(NH_4)_2SO_4$ 临界浓度也不同,因此可以用不同浓度的 $(NH_4)_2SO_4$ 选择性地沉淀不同的蛋白质,即所谓的分段盐析沉淀。

盐析沉淀的蛋白质样品回溶后,样品中的大量残留盐需要除去,透析是除盐的常用方法。透析利用了半透性的透析膜,即蛋白质等大分子物质不能透过透析膜,而小分子物质(无机盐、单糖等)可以自由通过透析膜与周围的缓冲溶液进行溶质交换,进入透析液中,通过不断更换透析溶液,达到盐析样品除盐的目的(图 1-4)。

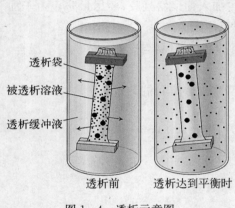

透析袋
被透析溶液
透析缓冲液
透析前　　透析达到平衡时

图 1-4　透析示意图

大的黑色圆点代表蛋白质,小的黑色圆点代表存在于蛋白质溶液中的小分子(如盐析时与蛋白质共沉淀的盐)。箭头表示小分子可以扩散透过透析袋,进入透析缓冲液

双缩脲试剂常用于蛋白质的检验,其与蛋白质可生成特殊的紫红色。在透析去除蛋白质溶液中 NaCl 或 $(NH_4)_2SO_4$ 的过程中,可分别用 $AgNO_3$ 溶液和奈氏试剂检查洗出液中的 Cl^- 和 NH_4^+。本实验利用双缩脲试剂、$AgNO_3$ 溶液和奈氏试剂检测盐析和透析效果。

【器材与试剂】

1. 器材

透析袋、大烧杯、磁力搅拌器、磁子、透析袋夹、试管、试管架、滤纸、漏斗、铁架台、滴管、小量筒(或移液器)。

2. 试剂

(1) 卵清蛋白-NaCl 溶液：取 3 个鸡蛋的蛋清，加水 800 mL 混合后，加饱和 NaCl 溶液 200 mL 溶解，用 3～4 层干纱布过滤。

(2) 10%(m/V) HNO_3 溶液。

(3) 1%(m/V) $AgNO_3$溶液。

(4) 10%(m/V) NaOH 溶液。

(5) 1%(m/V) $CuSO_4$ 溶液。

(6) 饱和 $(NH_4)_2SO_4$ 溶液。

(7) 固体 $(NH_4)_2SO_4$。

(8) 奈氏试剂。

(9) 1%(m/V)乙酸铅溶液。

(10) 5%(m/V)三氯乙酸溶液。

(11) 95%(m/V)乙醇。

【实验步骤】

1. 蛋白质的检测

利用双缩脲反应进行蛋白质的检测。取卵清蛋白-NaCl 溶液 2 mL 和 10% NaOH 溶液 1 mL，摇匀，再加 1% $CuSO_4$ 溶液 1～2 滴，边加边摇，观察是否有紫红色出现。$CuSO_4$ 不可过量，否则生成的蓝色 $Cu(OH)_2$ 会掩盖浅紫红色。

2. 蛋白质的盐析

(1) 取卵清蛋白-NaCl 溶液 2 mL，倾斜试管，沿管壁慢慢加入饱和 $(NH_4)_2SO_4$ 溶液 2 mL，轻轻混匀，静置 5 min，观察球蛋白沉淀。过滤，向沉淀中加 1 倍左右的水，摇匀，观察沉淀是否溶解。将滤液收集于另一支试管，继续实验。

(2) 向滤液中加入固体$(NH_4)_2SO_4$ 粉末至饱和，观察清蛋白沉淀。取出少部分浑浊溶液，加少量蒸馏水，振荡混匀，观察沉淀是否再溶解。其余浑浊溶液用于透析。

3. 重金属离子沉淀蛋白质

取试管 1 支，加入卵清蛋白-NaCl 溶液 2 mL，再加入 1%乙酸铅溶液 1 mL，振荡试管，观察沉淀的生成。放置片刻后倾去上清液，向沉淀中加入蒸馏水 2 mL，振荡混匀，观察沉淀是否溶解。

4. 有机酸沉淀蛋白质

取试管 1 支，加入卵清蛋白-NaCl 溶液 2 mL，再加入 5%三氯乙酸溶液 1 mL，振荡试管，观察沉淀的生成。静置片刻，倾去上清液，向沉淀中加入蒸馏水 2 mL，振荡混匀，观察沉淀是否溶解。

5. 乙醇沉淀蛋白质

取试管 1 支,加入卵清蛋白- NaCl 溶液 1 mL,再加入 95％乙醇 2 mL,振荡混匀,观察有无沉淀析出。放置片刻,倾去上清液,向沉淀中加入蒸馏水 2 mL,振荡混匀,观察沉淀是否溶解。

6. 蛋白质的透析

(1) 准备透析袋:市售的透析袋含有重金属、硫化物等化学杂质,须除去杂质后才能使用。常用方法是,用 10 mmol/L NaHCO$_3$ －1 mmol/L EDTA - Na$_2$ 溶液煮沸 30 min,然后用双蒸水充分洗涤透析袋,储存于 1 mmol/L EDTA - Na$_2$ 溶液中,4℃保存备用。

(2) 装样:取一段透析袋,将其一端用透析袋夹夹住(或打一死结),由开口端加入含清蛋白沉淀的溶液(不可装得太满,留出一半空隙,并适当排出空气,以防透析袋胀破),用透析袋夹夹住袋口(或打一死结)。

(3) 透析:取一个大烧杯,加入 10 倍以上样品液体积的去离子水或缓冲溶液,将装好样品的透析袋悬于大烧杯中部,底部放一个磁子,用磁力搅拌器缓慢搅拌以促进溶液交换。透析过程中需更换洗脱溶液数次(约每 30 min 一次),直至达到透析平衡为止(洗出液中无 Cl$^-$ 和 NH$_4^+$),约需 2 h。

(4) 检查透析效果:每次更换洗脱液时,同时检查洗出液中是否有 Cl$^-$ 和 NH$_4^+$。

Cl$^-$ 检查:取试管 1 支,加入洗出液约 2 mL,加 10％ HNO$_3$ 溶液 1～2 滴至酸性,然后加 1‰ AgNO$_3$ 溶液 2～3 滴,观察是否有白色沉淀。

NH$_4^+$ 检查:取洗出液 2 滴置白瓷板穴中,加奈氏试剂 1 滴,观察有无黄红色沉淀。

【要点提示】

1. 蛋白质-盐溶液的渗透压与溶液的 pH 有关。当蛋白质-盐溶液透析时,带电荷的蛋白质分子不能透过半透膜,而溶液中对立的离子可透过半透膜使膜两边的离子产生不均等的分布,引起 pH 的变化[唐南效应(Donnan 效应)]。故盐溶蛋白经透析后可能会出现沉淀或变性。

2. 本实验适用于蛋白质脱盐,若用于浓缩,可将透析袋包埋于吸水性极强的聚乙二醇或甘油中进行脱水。作透析洗脱液用的水不得含有 Cl$^-$ 和 NH$_4^+$。

【思考题】

1. 透析前的卵清蛋白- NaCl 混合液是否可以用 AgNO$_3$ 溶液检测 Cl$^-$?为什么?

2. 双缩脲反应检验蛋白质的原理是什么?

3. 透析时为什么将透析袋置于透析液层的中部?

实验4 膜分离技术——离心超滤法 纯化和浓缩蛋白质

【实验目的】

1. 学习离心超滤分离技术的原理。
2. 掌握离心超滤法纯化、浓缩蛋白质的基本操作方法。

【实验原理】

超滤是一种加压膜分离技术，以压力为推动力，利用微孔超滤膜，使溶剂和小分子溶质透过超滤膜，而溶液中的大分子溶质被滤膜截留，从而达到大分子与小分子物质分离的一种膜分离技术。

离心超滤是超滤的一种，其基本装置是一个底部为坚固的超滤膜板的离心超滤柱，膜板上具有一定规格的微孔，当高速离心对液体产生压力时，小于微孔直径的小分子（包括无机盐和水分子）在压力的作用下透过超滤膜板，而大于微孔直径的蛋白质分子被截留在超滤膜板之上。随着小分子不断排出，被截留的蛋白质浓度越来越高，达到使蛋白质纯化和浓缩的效果（图1-5）。

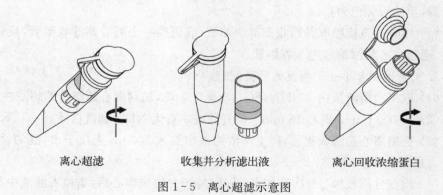

离心超滤　　　　　收集并分析滤出液　　　　　离心回收浓缩蛋白

图1-5 离心超滤示意图

离心超滤操作简便，只需要高速离心机，无需其他特殊设备，速度快，既可除去溶液中的盐分等可溶性小分子，又可以浓缩样本，是蛋白质生物化学中常用的方法。

【器材与试剂】

1. 器材

台式高速离心机、离心超滤管(Millipore Microcon YM-3)、微量取液器、试管及试管架、天平、Tip 头。

2. 试剂

(1) 牛血红蛋白-二硝基苯丙氨酸溶液:称取牛血红蛋白 20 mg,二硝基苯丙氨酸 10 mg,溶于去离子水中,稀释至 100 mL,得 200 $\mu g/mL$ 牛血红蛋白-100 $\mu g/mL$ 二硝基苯丙氨酸溶液。

(2) 牛血清清蛋白-$(NH_4)_2SO_4$ 溶液:称取牛血清清蛋白 20 mg,$(NH_4)_2SO_4$ 10 mg,溶于去离子水中,稀释至 100 mL,得 200 $\mu g/mL$ 牛血清清蛋白-100 $\mu g/mL$ $(NH_4)_2SO_4$ 溶液。

(3) 10%(m/V)磺基水杨酸溶液。

(4) 奈氏试剂:将 HgI_2 11.5 g、KI 8 g 溶于去离子水中,稀释至 50 mL,加入 6 mol/L NaOH 50 mL,静止后取上清液储存于棕色瓶中。

【实验步骤】

1. 有色蛋白与小分子物质的分离

(1) 取牛血红蛋白-二硝基苯丙氨酸溶液 500 μL(注意观察溶液的颜色),加到离心超滤管的超滤柱中。

(2) 10 000 r/min 离心 15 min。分别观察超滤柱中浓缩液与下部滤液的颜色。

(3) 弃净滤液,向上部浓缩液中加入 200 μL 去离子水,混匀,再次离心。重复此步骤,至滤液无色为止。

(4) 用吸管直接吸取并回收上部浓缩液;或更换一个离心超滤收集管,反转超滤柱,通过离心将浓缩液甩入收集管。

2. 无色蛋白与小分子物质的分离(脱盐)

(1) 取牛血清清蛋白-$(NH_4)_2SO_4$ 溶液 500 μL,加到离心超滤管的超滤柱中。

(2) 10 000 r/min 离心 15 min。检查滤液中有无 NH_4^+ 和蛋白质。

(3) 更换离心超滤收集管,向上部浓缩液中加入 200 μL 去离子水,混匀,再次离心。重复步骤(2)和(3) 2~3 次。

(4) 检查分离效果:每次补加水(或缓冲液)并再次离心后,需检查滤液中是否有 NH_4^+ 和蛋白质。

NH_4^+ 检查方法:取滤液 2 滴置白瓷板穴中,加入奈氏试剂 1 滴,混匀,如有 NH_4^+ 则出现棕红色沉淀。当最后一次检查滤液中无 NH_4^+ 后,再检查浓缩液中是否有 NH_4^+ 存在。

蛋白质检查方法：取滤液 2 滴置小试管中，加入磺基水杨酸溶液 2 滴，摇匀，如有蛋白质被离心下来，则有白色浑浊或沉淀出现。

（5）回收蛋白浓缩液：当滤液中不再有 NH_4^+ 时，可用吸管直接吸取并回收上部浓缩液；也可更换一个离心超滤收集管，反转超滤柱，通过离心将浓缩液甩入收集管。

【要点提示】

1. 超滤离心时，要选择同样质量的离心管对称放置，以作配平之用。

2. 产品回收率与膜材料的选择以及被分离物质相对分子质量的差异有关，应根据需要选择适宜截留相对分子质量的超滤柱。

3. 实验中所用的水或缓冲液必须不含 NH_4^+。

【思考题】

1. 离心超滤技术主要有哪些优点？

2. 离心超滤分离后，有色蛋白溶液的颜色变化说明了什么？

3. 最后一次检查滤液无 NH_4^+ 后，为什么仍需检查浓缩液是否存在 NH_4^+？

实验 5　微量凯氏（Micro-Kjeldahl）定氮法测定蛋白质含量

【实验目的】

1. 学习微量凯氏定氮法的原理。

2. 了解凯氏定氮仪的结构，掌握凯氏定氮法测定蛋白质含量的操作技术。

【实验原理】

蛋白质（或其他含氮有机化合物）与浓 H_2SO_4 共热时，其中碳、氢两种元素被氧化成 CO_2 和 H_2O，而氮元素转变成 NH_3，并进一步与 H_2SO_4 反应生成 $(NH_4)_2SO_4$ 残留于消化液中，该过程通常称为"消化"。以甘氨酸为例：

$$消化：\quad CH_2NH_2COOH + 3H_2SO_4 \rightarrow 2CO_2 + 3SO_2 + 4H_2O + NH_3$$

$$2NH_3 + H_2SO_4 \rightarrow (NH_4)_2SO_4$$

但是,该反应进行得很缓慢,消化时间较长,通常须加入 K_2SO_4 或 Na_2SO_4 以提高反应液的沸点,并加入 $CuSO_4$ 作为催化剂,以加速反应的进行。H_2O_2 也能加速反应。

消化完毕后,加入过量浓碱(如浓 NaOH 溶液)与消化液中的 $(NH_4)_2SO_4$ 反应放出 NH_3,以蒸馏法借水蒸气蒸出的 NH_3,用一定量、一定浓度的 H_3BO_3 溶液吸收。NH_3 与酸溶液中 H^+ 结合成 NH_4^+,使溶液中的 H^+ 浓度降低,然后用标准强酸(如盐酸)滴定,直至恢复溶液中原来的 H^+ 浓度为止。

蒸馏：
$$(NH_4)_2SO_4 + NaOH \rightarrow Na_2SO_4 + 2NH_4OH$$

$$NH_4OH \rightarrow NH_3 + H_2O$$

吸收：
$$3NH_3 + H_3BO_3 \rightarrow 3NH_4^+ + BO_3^{3-}$$

滴定：
$$BO_3^{3-} + 3H^+ \rightarrow H_3BO_3$$

最后根据所用标准酸的量计算出样品中的含氮量。大多数蛋白质的含氮量平均为 16%,所以将测得的蛋白质的含氮量乘以蛋白质系数 6.25(即每含氮 1 g,就表示该物质含蛋白质 6.25 g),即可计算出蛋白质的含量。

【器材和试剂】

1. 器材

100 mL 凯氏烧瓶、改进型凯氏定氮仪、50 mL 容量瓶、分析天平(或电子天平)、烘箱、电炉、酒精灯、小玻璃珠、滴定管、洗瓶、锥形瓶、铁架台、普通面粉或其他样品。

2. 试剂

(1) 消化液：30%(m/V) H_2O_2：浓 H_2SO_4：H_2O = 3 : 2 : 1。

(2) 30%(m/V) NaOH 溶液。

(3) 2%(m/V) H_3BO_3 溶液。

(4) 混合催化剂(粉末 K_2SO_4 - $CuSO_4$ 混合物)：K_2SO_4 与 $CuSO_4$ 以 3 : 1 比例充分研细混匀。

(5) 0.01 mol/L 标准盐酸溶液。

(6) 混合指示剂(田氏指示剂)：取 0.1%(m/V)亚甲蓝-无水乙醇溶液 50 mL、0.1%(m/V)甲基红-无水乙醇溶液 200 mL,混合,贮于棕色瓶中备用。该指示剂酸性时为紫红色,碱性时为绿色,变色范围很窄(pH 5.2~5.6)且很灵敏。

(7) 蒸馏水。

【实验步骤】

1. 了解改进型凯氏定氮仪的构造和安装

改进型凯氏定氮仪主要由蒸汽发生器、反应室及冷凝器三部分组成。蒸馏装置的结构如图 1-6 所示,可分成三部分来叙述。

(1) 蒸汽发生器和反应室:蒸汽发生器有 3 个开口(图中的 3、4、5);反应室有 1 个开口(图中的 6)。

(2) 冷凝器和通气室:冷凝器有 2 个开口(图中的 9、10);通气室有 2 个开口(图中的 12、13)。

(3) 排水柱:排水柱有 3 个开口(图中的 15、16、17)。

安装时,按图的连接方式仔细安装在一平稳的实验台上。先将主体部分固定在铁架台上,其底部放上电炉或酒精灯。然后将 5 与 13、4 与 16、12 与 15、6 与 7 用橡皮管连接,并夹上自由夹。最后长橡胶管连接进水口 10 和出水口 17。

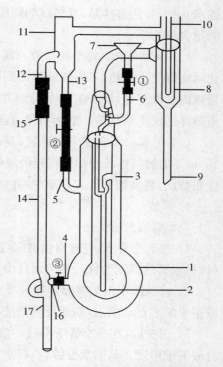

图 1-6 改进型凯氏蒸馏装置
1. 蒸汽发生器;2. 反应室;3. 水蒸气排气孔;4. 排水排气孔;5. 外源水入口;6. 进样口;7. 加样漏斗;8. 冷凝器;9. 冷凝器出口;10. 自来水入口;11. 通气室;12. 通气室出口;13. 通气室入口;14. 排水柱;15. 排水柱入口;16. 排水柱入口;17. 排水柱出口

2. 样品处理

样品若是液体,如血清、稀释的蛋清等,可取一定体积直接消化测定。若是固体样品,一般用 100 g 该物质(干重)中所含氮的克数来表示(%)。因此在消化前,应先将固体样品中的水分除去。一般样品烘干的温度都采用 105℃,因为非游离的水都不能在 100℃以下烘干。

取一定量磨细的样品放入已称重的称量瓶内,然后置于 105℃的烘箱内持续干燥 4 h。用坩埚钳将称量瓶取出放入干燥器内,待降至室温后称重。按上述操作继续烘干样品,每干燥 1 h 重复称量一次,直至两次称量数值不变,即达到恒重。精确称量已达恒重的面粉 0.1 g 作为本实验的样品。

3. 消化

(1) 编号:取清洁干燥的 100 mL 凯氏烧瓶 4 个,标号后各加数粒玻璃珠。

(2) 加样:在 1 号、2 号瓶中各加样品 0.1 g、混合催化剂 0.2 g、消化液 5 mL。注意加样时应直接送入瓶底,而不要沾在瓶口和瓶颈上。在 3 号、4 号瓶中各加蒸馏水 0.1 mL 代替样品,其他试剂同样品瓶,作为对照,用以测定试剂中可能含有的微量含氮物质。

（3）加热消化：每个瓶口放一漏斗,在通风橱内,于电炉上加热消化。开始消化时应以微火加热,不要使液体冲到瓶颈或冲出瓶外,否则将严重影响测定结果。待瓶内水汽蒸完,H_2SO_4 开始分解并放出 SO_2 白烟后,适当加强火力,使瓶内液体微微沸腾而不致跳荡。继续消化,直至消化液呈透明淡绿色为止。

（4）定容：消化完毕,静置,待烧瓶中液体冷却后,缓慢沿瓶壁加蒸馏水 10 mL,随加随摇。冷却后将瓶内液体倾入 50 mL 的容量瓶中,并以少量蒸馏水洗烧瓶数次,将洗液并入容量瓶中,并加水稀释到刻度,混匀备用。

4. 蒸馏

（1）蒸馏器的洗涤

1）接通冷凝水,打开自由夹②(图 1-6)。先向蒸汽发生器中加入一定量的水(以排水管的高度为宜),并关闭自由夹②,用酒精灯将其加热沸腾。

2）将蒸馏水由加样漏斗加入反应室,关闭自由夹①,移开酒精灯片刻,可使反应室中的水自动吸出,如此反复清洗 3～5 次。

3）清洗后,在冷凝管下端放一盛有 5 mL 2% H_3BO_3 溶液和 1～2 滴指示剂混合液的锥形瓶。蒸馏数分钟后,观察锥形瓶内溶液是否变色,如不变色则表明蒸馏装置内部已洗涤干净。

（2）蒸馏

1）取 50 mL 锥形瓶 3 个,各加入 2% H_3BO_3 溶液 5 mL 和指示剂 1～2 滴,溶液呈淡紫色,用表面皿覆盖备用。

2）关闭冷凝水,打开自由夹②,使蒸汽发生器与大气相通。将上述已加试剂的锥形瓶放在冷凝器下面,并使冷凝器下端浸没在液体内。

3）用移液管取消化液 5 mL,打开自由夹①,细心地从加样漏斗下端加入反应室,随后加入 30% NaOH 溶液 5 mL,关闭自由夹①；在加样漏斗中加少量水做水封,以防止气体从漏斗处逸出。

4）关闭自由夹②,打开冷凝水(注意不要过快过猛,以免水溢出),酒精灯加热蒸馏,当观察到锥形瓶中的溶液由紫变绿时(2～3 min),开始计时,蒸馏 3 min,移开锥形瓶,使冷凝器下端离开液面约 1 cm,同时用少量蒸馏水洗涤冷凝管口外侧,继续蒸馏 1 min,取下锥形瓶,用表面皿覆盖瓶口。

5）蒸馏完毕后,应立即清洗反应室,方法如前述。打开自由夹③,将水放出,再加热,再清洗,如此 3～5 次。最后将自由夹①③同时打开,将蒸汽发生器内的全部废水换掉。关闭夹子,再使蒸汽通过整个装置数分钟后,继续下一次蒸馏。

待样品和空白消化液均蒸馏完毕,同时进行滴定。

（3）滴定：全部蒸馏完毕后,用 0.01 mol/L 标准盐酸溶液滴定各锥形瓶中收集的 NH_3,滴定终点为 H_3BO_3 指示剂溶液由绿变为淡紫色。

（4）计算：样品中总氮量可按如下公式计算。

$$\omega(N) = \frac{c(V_1 - V_2) \times 14}{m \times 1\,000} \times \frac{消化液总量(mL)}{测定时消化液用量(mL)}$$

式中,$\omega(N)$ 为样品中总氮的质量分数;

c 为标准盐酸溶液摩尔浓度;

V_1 为滴定样品用去的标准盐酸溶液的平均体积(mL);

V_2 为滴定空白消化液用去的标准盐酸溶液的平均体积(mL);

m 为样品质量(g);

14 为氮的相对原子质量。

若测定的样品含氮部分只是蛋白质,则

$$\omega(蛋白质) = \omega(N) \times 6.25$$

若样品中除有蛋白质外,尚含有其他含氮物质,则须向样品中加入三氯乙酸,然后测定未加三氯乙酸的样品及加入三氯乙酸后样品上清液中的含氮量,得出非蛋白氮及总氮量,从而计算出蛋白氮,再进一步算出蛋白质含量。

$$蛋白氮 = 总氮 - 非蛋白氮$$

$$\omega(蛋白质) = \omega(蛋白氮) \times 6.25$$

【要点提示】

1. 本实验时间较长,需要 8～10 学时。所以做该实验时,建议分两次完成。第一次完成步骤 3 消化,该步骤所需时间较长;第二次从步骤 4 蒸馏做起。

2. 一般样品消化终点为溶液呈透明淡绿色或无色透明,若带有黄色表示消化不完全,消化液的颜色亦常因样品成分不同而异。因此,每测一新样品时,最好先试验一下需多少时间才能使样品中的有机氮全部变成无机氮,以后即以此时间为标准。本实验到消化液呈透明淡绿色时即消化完全,消化时间过长,会引起氨的损失,同样影响测定结果。

3. 如果蛋白质样品中含赖氨酸或组氨酸(如蚕蛹蛋白质)较多,则消化时间要延长 1～2 倍;为了缩短消化时间,可在催化剂中再加少量 $HgCl_2$(约 0.032 g/g 催化剂),则赖氨酸中的氮 4～5 h 可消化完全,组氨酸约需 8 h 左右才能消化完全。

4. NH_3 蒸馏时,为了使所有 $(NH_4)_2SO_4$ 都分解放出 NH_3,必须加入足量的 30% NaOH,加入时应缓慢。碱加入后,有 $Cu(NH_3)_2^+$、$Cu(OH)_2$ 或 CuO 等化合

物生成,溶液呈蓝色或褐色,并有胶状沉淀产生,这是正常现象,反之如果颜色不变,说明碱液可能不够。

【思考题】

1. 结合凯氏定氮法的原理,查阅有关资料,思考为什么牛奶中加入三聚氰胺可使检出的蛋白质含量虚高?

2. 消化过程中加入粉末 $K_2SO_4 - CuSO_4$ 混合物的作用是什么?

实验6　利用分光光度计测定双缩脲反应的有色产物吸收光谱

【实验目的】

1. 学习双缩脲反应的原理。

2. 学习利用分光光度计测定吸光物质的吸收光谱。

【实验原理】

双缩脲在碱性溶液中,与 Cu^{2+} 形成配合物,配合物中的 Cu^{2+} 在碱性环境中被还原成 Cu^+ ,含 Cu^+ 的双缩脲配合物呈蓝紫色,光谱吸收峰在 560 nm 附近,该反应称为双缩脲反应。具有两个相邻近酰胺基团的分子,如多肽和蛋白质,均有双缩脲反应生成蓝紫色配合物(图 1-7)。双缩脲反应常用来鉴定蛋白质和测定蛋白质

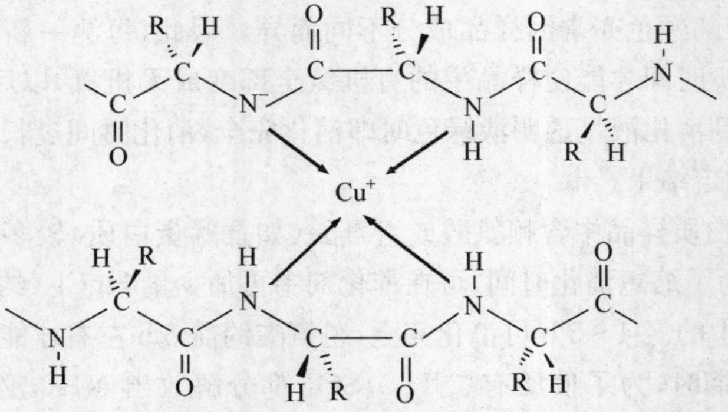

图 1-7　多肽与 Cu^+ 形成蓝紫色配合物结构示意图

含量,由于双缩脲反应干扰较少,但灵敏度低,准确性较差,一般用于定量高浓度的蛋白质,测定线性范围通常在 5~150 mg/mL。

分光光度计是常用分析仪器,可以测定有色化合物或具备紫外吸收的物质,根据朗伯-比尔定律(即溶液中吸光物质浓度与吸光度成正比),可以定量测定光吸收物质的浓度。本实验原理即利用分光光度计,在不同波长下,分析双缩脲反应有色产物的吸收光谱,并绘制吸收光谱曲线。

【器材与试剂】

1. 器材

可见光分光光度计、玻璃比色皿、刻度移液管、移液器、试管。

2. 试剂

(1) 5~150 mg/mL 牛血清清蛋白溶液。

(2) 0.1 g/mL NaOH 溶液。

(3) 0.01 g/mL $CuSO_4$ 溶液。

【实验步骤】

1. 取试管 1 支,加入牛血清清蛋白溶液 2 mL,NaOH 溶液 1 mL,混匀,再加入 $CuSO_4$ 溶液 0.1 mL,振荡均匀,放置 20 min 后,进行吸收峰的测定。

2. 另取试管一支,加入牛血清清蛋白溶液 2 mL,蒸馏水 1 mL,再加入 $CuSO_4$ 溶液 0.1 mL,混匀后,放入玻璃比色皿中作为对照样品;取双缩脲反应的显色溶液(即步骤 1 反应溶液),放入另一玻璃比色皿中。将两只比色皿同时放入分光光度计。

3. 调整分光光度计暗电流为零(即无入射光时的仪器背景信号)。从 450 nm 开始,用对照样品校正零点(即吸光度 $A=0$),然后测试有色溶液的吸光度,记录吸光度数值。

4. 调整光谱波长至 455 nm,重复步骤 3(每次调整波长,必须用对照先校正零点,然后测试)。

5. 调整光谱波长至 460nm,重复步骤 3。

6. 连续测试各波长下显色溶液的吸光度,测试至 650 nm。

7. 根据不同波长下的吸光度值,绘制吸光度-波长曲线。

【要点提示】

1. 测试前须将暗电流调至零。

2. 玻璃比色皿换位时,一定要将推拉杆调整到位。

3. 双缩脲反应产物的吸收峰与实验条件有关,条件不同,结果可能会有轻微偏离。

【思考题】

1. 双缩脲方法测试牛奶,能否排除三聚氰胺的干扰?
2. 为什么更换波长时,每次都要利用对照校正零点?
3. 二肽能有双缩脲反应吗?

实验 7　BCA 法测定蛋白质含量

【实验目的】

1. 掌握 BCA 法测定蛋白质含量的原理与方法。
2. 熟悉分光光度计的使用和操作方法。

【实验原理】

BCA(bicinchoninic acid,$2,2'$-二喹啉- $4,4'$-二羧酸)法是 Smith 等于 1985 年建立的一种蛋白质定量测定方法。在碱性条件下,蛋白质与 Cu^{2+} 络合并将 Cu^{2+} 还原成 Cu^+,Cu^+ 与 BCA 特异性地稳定结合,形成最大光吸收峰在 562 nm 的紫色复合物(图 1-8)。当蛋白质浓度在 $10\sim2\,000\ \mu g/mL$ 范围内时,紫色复合物的吸光度与蛋白质浓度成正比,据此可定量测定蛋白质。

BCA 法的试剂配制简单,操作快捷,灵敏度高,形成的紫色复合物稳定性好,与不同种类蛋白质形成的紫色复合物的摩尔吸光系数差异相对较小,并且抗干扰能力强,因此愈来愈受研究者的偏爱。

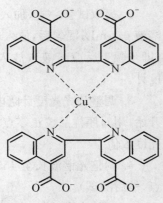

图 1-8　BCA-Cu^+ 复合物结构示意图

【器材与试剂】

1. 器材

可见光分光光度计、移液器、刻度移液管、试管、试管架、恒温水浴锅。

2. 试剂

(1)标准蛋白质溶液:准确称取经微量凯氏定氮法校正的结晶牛血清清蛋白,配制成 $1\,000\ \mu g/mL$ 的标准溶液。

（2）BCA 试剂。

试剂 A：称取 BCA - Na_2 1 g，$Na_2CO_3 \cdot H_2O$ 2 g，$C_4H_4Na_2O_6 \cdot 2H_2O$（酒石酸二钠二水合物）0.16 g，NaOH 0.4 g，$NaHCO_3$ 0.95 g，加蒸馏水配制成 100 mL 溶液。用 10 mol/L NaOH 调 pH 至 11.25。

试剂 B：4%（m/V）$CuSO_4 \cdot 5H_2O$ 溶液。

标准工作液：将试剂 A 与试剂 B 按 50：1（V/V）的比例混匀。此液呈苹果绿色，在室温密闭条件下可保存 1 周。

（3）待测蛋白质溶液。

【实验步骤】

1. 标准曲线法

（1）制作标准曲线：取试管 6 支，按下表顺序操作。

试　　　剂	试　管　编　号					
	0	1	2	3	4	5
标准蛋白质溶液/μL	0	20	40	60	80	100
蒸馏水/μL	100	80	60	40	20	0
BCA 标准工作液/mL	2	2	2	2	2	2
			混匀，37℃保温 30 min，冷却至室温后测定吸光度			
A_{562}	调零					

以 A_{562} 值为纵坐标，标准蛋白质含量为横坐标，绘制标准曲线；或以 A_{562} 值（y）为纵坐标，蛋白质浓度（x）为横坐标，利用 Excel 表格的统计功能，导出回归方程 $y = ax + b$。

（2）测定未知样品蛋白质浓度：取试管 4 支，按下表顺序操作。

试　　　剂	试　管　编　号			
	0	1	2	3
待测蛋白质溶液/μL	—	100	100	100
蒸馏水/μL	100	—	—	—
BCA 标准工作液/mL	2	2	2	2
		混匀，37℃保温 30 min，冷却至室温后测定吸光度		
A_{562}	调零			

根据测定的 A_{562} 值，在标准曲线上分别查出其相当于标准蛋白质的量，计算 3 个平行样品中蛋白质浓度的平均值；或利用标准曲线回归方程，根据 A_{562} 测定值

(y),换算出蛋白质浓度(x)并取其平均值。

2. 标准比较法(或称标准管法)

(1) 取试管 3 支,按下表顺序操作。

试　　　剂	试　管　编　号		
	对照管(B)	标准管(S)	测定管(U)
标准蛋白质溶液/μL	—	40	—
蒸馏水/μL	100	60	—
待测蛋白质溶液/μL	—	—	100
BCA 标准工作液/mL	2	2	2
	混匀,37℃保温 30 min,冷却至室温后测定吸光度		
A_{562}	调零		

(2) 计算

$$待测溶液蛋白质浓度(\mu g/mL)=(A_U/A_S)\times 100$$

【要点提示】

1. BCA 法抗试剂干扰能力强,多种缓冲盐、去污剂〔十二烷基硫酸钠(SDS)、Tween、Triton X - 100〕、盐酸胍、尿素等对测定均无影响,但受螯合剂(如 EDTA)、还原剂(如二硫苏糖醇、β-巯基乙醇)、$(NH_4)_2SO_4$ 和脂类的影响。

2. 由于各种蛋白质的氨基酸组成各不相同,因此在测定样品的蛋白质含量时最好使用同种蛋白质做标准。

3. 为得到准确的测量结果,应控制吸光度 A 的读数在 0.2～0.8 范围内,为此可调节标准物溶液和样品溶液的浓度或使用不同厚度的比色皿。

【思考题】

BCA 法测定蛋白质含量的原理是什么? 该法有何优缺点?

实验 8　考马斯亮蓝法测定蛋白质含量

【实验目的】

1. 掌握考马斯亮蓝法(又称 Bradford 法)定量测定蛋白质含量的原理与方法。

2. 熟悉分光光度计的使用和操作方法。

【实验原理】

考马斯亮蓝 G250 测定蛋白质含量属于染料结合法的一种。考马斯亮蓝 G250 在酸性溶液中呈棕红色,最大吸收峰在 465 nm;当它与蛋白质通过范德瓦耳斯力结合成复合物时变为蓝色,其最大吸收峰移至 595 nm,而且消光系数更大。在一定蛋白质浓度范围内($1 \sim 1\,000\ \mu g/mL$),蛋白质-染料复合物在 595 nm 处的吸光度与蛋白质含量成正比,故可用于蛋白质的定量测定。

蛋白质与考马斯亮蓝 G250 的结合十分迅速,约 2 min 即可反应完全,其复合物在 1 h 内保持稳定。由于蛋白质-染料复合物具有很高的消光系数,因此大大提高了蛋白质测定的灵敏度(最低检出量为 $1\ \mu g$)。由于该法简单迅速,抗干扰性强,灵敏度高,线性关系好,近年来在某些方面有取代经典的劳里(Lowry)法的趋势,是一种较好的蛋白质快速微量测定方法。

【器材与试剂】

1. 器材

可见光分光光度计、试管、试管架、研钵、离心机、离心管、10 mL 容量瓶、刻度移液管、移液器、小麦叶片(或绿豆下胚轴)。

2. 试剂

(1) $0.9\%\ (m/V)$ 生理盐水

(2) 考马斯亮蓝试剂:称取考马斯亮蓝 G250 100 mg,加 $95\%\ (V/V)$乙醇 50 mL,溶解后加入 $85\%\ (m/V)\,H_3PO_4$ 100 mL,加水稀释至 $1\,000$ mL,保存于棕色瓶中。

(3) 标准蛋白溶液:准确称取经微量凯氏定氮法校正的结晶牛血清清蛋白,配制 $1\,000\ \mu g/mL$ 的标准溶液。

【实验步骤】

1. 标准曲线的制作

取试管 6 支,按下表进行编号并加入试剂,充分混匀。

试　　　剂	试　管　编　号					
	1	2	3	4	5	6
标准蛋白质溶液/μL	0	20	40	60	80	100
0.9%生理盐水/μL	100	80	60	40	20	0
蛋白质含量/($\mu g/0.1$ mL)	0	20	40	60	80	100

分别向每支试管中加入考马斯亮蓝试剂 3.0 mL,充分振荡混合,放置 5 min 后,于 595 nm 测定吸光度(以 1 号试管为空白对照)。以 A_{595} 为纵坐标、标准蛋白

质含量为横坐标,绘制标准曲线。

2. 样品提取液中蛋白质含量的测定

准确称取小麦叶片(或绿豆芽下胚轴)400 mg,加入蒸馏水 5 mL,于研钵中研成匀浆,转移至离心管中,8 000 r/min 离心 10 min,将上清液倒入 10 mL 容量瓶中。残渣用 2 mL 蒸馏水悬浮后,8 000 r/min 再离心 10 min,合并上清液,定容至刻度,混匀。

取试管 3 支,各吸取上述样品提取液 0.1 mL,分别加入考马斯亮蓝试剂 3.0 mL,充分振荡混合,放置 5 min 后,以制作标准曲线的 1 号试管为空白对照,于 595 nm 测定吸光度。根据测定的 A_{595} 值,在标准曲线上查出其相当于标准蛋白质的量,取 3 个重复样品中蛋白质含量的平均值。

3. 结果计算

$$样品蛋白质含量(\mu g/g \text{鲜重})=\frac{m(\mu g)\times 提取液总体积(mL)}{测定所取提取液体积(mL)\times 样品鲜重(g)}$$

式中,m 为从标准曲线上查得的蛋白质含量。

4. 标准比较法(或称标准管法)测定样品提取液中蛋白质的含量

取试管 3 支,按下表操作。

试　　　剂	试　管　编　号		
	待测管(U)	标准管(S)	对照管(B)
样品提取液/mL	0.1	—	—
标准蛋白质溶液/mL	—	0.1	—
0.9%生理盐水/mL	—	—	0.1
考马斯亮蓝试剂/mL	3.0	3.0	3.0
		混匀,放置 5 min	
A_{595}			调零

$$样品提取液蛋白质含量 m(\mu g)=(A_u/A_s)\times 100$$

样品蛋白质含量($\mu g/g$ 鲜重)的计算方法同"3. 结果计算"。

【要点提示】

1. 研究表明,NaCl、KCl、$MgCl_2$、$(NH_4)_2SO_4$、乙醇等物质对测定无影响,而大量的去污剂如 Triton X-100、SDS 等严重干扰测定结果,少量的去污剂及 Tris、乙酸、β-巯基乙醇、蔗糖、甘油、EDTA 有少量干扰,可很容易地通过用适当的溶液对照而消除。同时注意,比色应在显色 2 min 至 1 h 内完成,如果测定很严格,可以在试剂加入后的 5~20 min 内测定吸光度,在这段时间内颜色最稳定。

2. 测定那些与标准蛋白质氨基酸组成有较大差异的蛋白质时会有一定误差,因为不同的蛋白质与染料结合量是不同的,故该法适合测定与标准蛋白质氨基酸组成相似的蛋白质。

3. 待测液中蛋白质浓度不可过高或过低,应控制在 100~800 $\mu g/mL$ 为宜。

4. 比色测定时,考马斯亮蓝易吸附在比色皿表面,对后续测定造成影响,所以测定结束后应用无水乙醇清洗比色皿。

【思考题】

1. 考马斯亮蓝法测定蛋白质含量的原理是什么?应如何克服不利因素对测定的影响?

2. 为什么标准蛋白质应用微量凯氏定氮法测定纯度?

实验 9　紫外吸收法测定蛋白质含量

【实验目的】

1. 掌握紫外吸收法测定蛋白质含量的原理。

2. 学习紫外分光光度计的仪器原理及使用方法。

【实验原理】

蛋白质中存在着含有共轭双键的酪氨酸、色氨酸及苯丙氨酸残基,这类结构具有吸收紫外光的性质,吸收高峰在 280 nm 波长处。在此波长处,当蛋白质的质量浓度在0.1~1.0 mg/mL 时,蛋白质溶液的紫外光吸收值(A_{280})与其浓度成正比,可做定量测定。由于不同蛋白质中所含芳香族氨基酸的比例不同,测定时应以同种蛋白质作为标准对照。

紫外吸收法最大的优点是操作简便、样品用量极少、低浓度盐类不干扰测定,因此在蛋白质和酶的生化制备中被广泛采用。其缺点是准确度较差,特别是测定那些与标准蛋白质的芳香族氨基酸含量差异较大的蛋白质时有一定的误差。另外,若样品中含有嘌呤、嘧啶等吸收紫外光的物质,则有较强的干扰,须予以校正。蛋白质在 280 nm 的光吸收值大于 260 nm 的光吸收值,核酸虽然也吸收波长

280 nm 的紫外光,但它对 260 nm 的紫外光吸收更强。因此可利用它们的这些性质,适当校正核酸对测定蛋白质浓度时的干扰。

【器材与试剂】

1. 器材

紫外分光光度计、刻度移液管、试管、石英比色杯。

2. 试剂

(1) 标准蛋白质溶液(任选一种)

牛血清清蛋白溶液:准确称取经微量凯氏定氮法校正的结晶牛血清清蛋白,配制成浓度为 1 mg/mL 的溶液。

卵清蛋白溶液:将约 1 g 卵清蛋白溶于生理盐水[0.9%(m/V)NaCl]100 mL 中,离心,取上清液。按微量凯氏定氮法测定其蛋白质含量,用生理盐水稀释至浓度为 1 mg/mL。

(2) 待测蛋白质溶液(浓度约为 1 mg/mL)。

【实验步骤】

1. 标准曲线的制作

取干净的试管 9 支,按下表进行编号并加入各种试剂,混匀。

选用光程 1 cm 的石英比色杯,在 280 nm 波长处分别测定各管溶液的吸光度(A_{280})。以吸光度为纵坐标,蛋白质浓度为横坐标,绘制标准曲线。

试　　　剂	试　管　编　号								
	1	2	3	4	5	6	7	8	9
标准蛋白质溶液/mL	0.0	0.5	1.0	1.5	2.0	2.5	3.0	3.5	4.0
去离子水/mL	4.0	3.5	3.0	2.5	2.0	1.5	1.0	0.5	0.0
蛋白质浓度/(mg/mL)	0.0	0.125	0.25	0.375	0.50	0.625	0.75	0.875	1.00
A_{280}	调零								

2. 待测样品的测定

准确量取待测蛋白质溶液 1 mL,加入去离子水 3 mL,混匀。按上述方法测定 280 nm 的吸光度,并从标准曲线上查出待测蛋白质的浓度。

若所测数据不在标准曲线范围内,应酌情调整待测液浓度。

对可能有核酸干扰的测定,经常利用蛋白质溶液在 280 nm 和 260 nm 处的吸光度的差值,直接求出蛋白质浓度:

$$蛋白质浓度(mg/mL) = 1.45A_{280} - 0.74A_{260}$$

【要点提示】

1. 由于 pH 的改变对蛋白质的紫外吸收影响较大,测定时待测液与标准溶液的 pH 应一致。

2. 玻璃比色杯对紫外光有较大吸收,不能用于测定,必须使用石英比色杯。

3. 测定时,吸光度的读数应在 0.2~0.8 之间,超出此范围时应酌情调整溶液的稀释倍数,否则会有误差。

4. 实验室中常犯的错误是认为用 1 cm 的比色杯所测吸光度为 1.0 时,蛋白质溶液的浓度即大约为 1 mg/mL,这是非常不准确的。

以下为几种常见蛋白质在 1 mg/mL 时的吸光度值:

蛋 白 质	A_{280}	蛋 白 质	A_{280}
牛血清白蛋白	0.70	胰蛋白酶	1.60
核糖核酸酶 A	0.77	胰凝乳蛋白酶	2.02
卵清蛋白	0.79	α-淀粉酶	2.42
γ-球蛋白	1.38		

【思考题】

1. 与其他测定蛋白质含量的方法比较,紫外吸收法有什么优缺点?

2. 使用紫外分光光度计时,波长由 280 nm 调到 260 nm,是否需要用对照管校正零点?

实验 10　乙酸纤维素薄膜电泳分离血清蛋白

【实验目的】

1. 学习区带电泳的原理。

2. 掌握乙酸纤维素薄膜电泳操作技术。

【实验原理】

带有电荷的颗粒在电场中向与其电性相反的电极移动,称为电泳(electrophoresis)。

带电颗粒在电场中的移动方向和迁移速度取决于颗粒自身所带电荷的性质、电场强度、溶液的 pH 等因素。

蛋白质分子是两性电解质,在溶液中可解离的基团除了末端的 α-氨基和 α-羧基外,还有侧链上的许多基团。由于解离基团的差异,不同的蛋白质具有不同的等电点。当溶液的 pH 小于蛋白质的等电点时,蛋白质为阳离子,在电场中向阴极移动;当溶液的 pH 大于蛋白质的等电点时,蛋白质为阴离子,在电场中向阳极移动。

一个混合的蛋白质样品,由于各蛋白质的等电点不同,在同一 pH 溶液中其带电性质、电荷的数目各不同,再加上它们的分子颗粒大小、形状不一,因此在电场中各种蛋白质泳动的方向和速度也不同,从而使蛋白质混合样品得以分离。

乙酸纤维素薄膜电泳是以乙酸纤维素薄膜为支持物的一种区带电泳。乙酸纤维素(二乙基纤维素)薄膜具有均一的泡沫状结构(厚约 120 μm),渗透性强,对分子移动无阻力,用它作为区带电泳的支持物,具有样品用量少、图谱清晰、电泳时间短(45～60 min)、灵敏度高(蛋白质浓度 5 $\mu g/mL$ 即可检出)、可准确定量等优点,在各种生物分子的分离、临床检验及免疫电泳等方面已得到广泛应用。

血清中含有数种蛋白质,其等电点(pI)大都在 8.6 以下,将样品点在薄膜上,在 pH 8.6 的缓冲液中电泳,因为各蛋白质都带有负电荷,在电场中都向阳极移动。电泳后,用氨基黑 10B 溶液染色,经脱色液处理除去背景染料,可得到背景无色的各蛋白质电泳图谱。由阳极到阴极依次为:清蛋白、α_1-球蛋白、α_2-球蛋白、β-球蛋白、γ-球蛋白。各蛋白质含量可用光密度计直接测定,或用洗脱法进行比色测定。

【器材与试剂】

1. 器材

电泳仪、电泳槽、微量注射器或微量吸管、载玻片(厚约 1 mm)、滤纸、竹镊子、培养皿、纱布、可见光分光光度计或光密度计、乙酸纤维素薄膜、人或动物血清(新鲜,无溶血现象)。

2. 试剂

(1) 巴比妥-巴比妥钠缓冲液(pH 8.6,离子强度 0.075):取巴比妥 2.76 g、巴比妥钠 15.4 g,溶于蒸馏水中,稀释定容至 1 000 mL。

(2) 染色液:取氨基黑 10B 0.5 g,加蒸馏水 40 mL、甲醇 50 mL 和冰醋酸 10 mL,混匀,可重复使用。

（3）漂洗液：乙醇 45 mL，冰醋酸 5 mL，蒸馏水 50 mL，混匀。

（4）透明液：无水乙醇 70 mL，冰醋酸 30 mL，混匀。

（5）浸出液：0.4 mol/L 的 NaOH 溶液。

【实验步骤】

1. 薄膜的处理

（1）将乙酸纤维素薄膜切成 8 cm×2 cm 条状（或根据需要决定薄膜的大小）。

（2）把薄膜浸入 pH 8.6 的巴比妥-巴比妥钠缓冲液中，浸泡约 30 min。

（3）待薄膜完全浸透后，用竹镊子轻轻取出，将薄膜的无光泽面向上，平铺在滤纸上，其上再放一张干净的滤纸，轻压，吸去多余的缓冲液，然后平铺在载玻片上。

2. 点样

（1）用毛细管取一滴血清，滴在另一载玻片上，用盖玻片（2 层）的一侧边在血清上均匀蘸涂，再轻轻压在距薄膜一端 1.5～2 cm 的点样处片刻，使血清渗透到薄膜内，形成均匀的直线（图 1-9）。

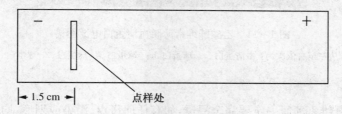

图 1-9　乙酸纤维素薄膜点样图

（2）分别在电泳槽两端的支架上用 4 层柔软的纱布搭建盐桥，纱布浸入两极的电泳缓冲液中。将薄膜两端平贴在纱布上，点样面向下，点样端置于阴极端。注意薄膜中间不可凹陷（图 1-10）。

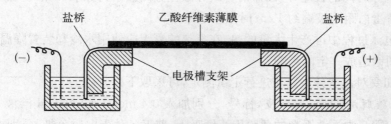

图 1-10　乙酸纤维素薄膜电泳装置图

3. 平衡

盖上电泳槽的盖，使薄膜充分浸润。

4.电泳

将电压调至 90～110 V,电流调至 0.4～0.6 mA/ cm,待泳动最快的蛋白质样品(清蛋白,可观察到)距点样处 4.5～5 cm 时,关闭电源。一般通电时间约 60 min。

5.染色和漂洗

将薄膜浸于染色液中染色 5～10 min,取出后用漂洗液漂洗 4～5 次,每次约 5 min,待背景无色为止,再浸入蒸馏水中。

6.透明

漂洗后的薄膜用电吹风吹干,浸入透明液中约 20 min,取出平贴于干净的玻璃板上,自然干燥,即得到背景透明的电泳图谱(图 1-11),可长期保存。

图 1-11　乙酸纤维素薄膜血清蛋白电泳图谱

从左至右依次为:血清蛋白、α_1-球蛋白、α_2-球蛋白、β-球蛋白、γ-球蛋白

【要点提示】

1.乙酸纤维素薄膜一定要完全浸透,如有任何斑点、污染或划痕,均不能使用。取出浸泡后的乙酸纤维素薄膜后,用滤纸吸去其表面的缓冲液即可,不可吸得过干。

2.使用血清点样器直接在薄膜上进行血清点样,同样可以获得很好的结果。

3.搭在阴阳两极上的薄膜应完全与盐桥接触。多个膜条进行电泳时,相邻膜条之间应留有至少 1 mm 的间隙,不能相互接触。

4.电泳时间的长短,应以血清各组分最佳分离效果为标准,一般是在以移动最快的血清蛋白距阳极端约 1 cm 时停止电泳。

5.电泳过程中可产生大量的热,在炎热的夏天应使用水冷却装置降温,否则会对电泳图谱造成一定的影响。

6.如要对血清各蛋白质进行定量测定,可采取下列方法。

(1)洗脱法:取试管 5 支,标号,分别加入 0.4 mol/L 的 NaOH 溶液 4.0 mL。将实验步骤 5 中漂洗干净的薄膜用滤纸吸干,剪下各种蛋白质色带,分别放入各试管中,振荡约 10 min。待色泽完全浸出后,以 0.4 mol/L 的 NaOH 溶液为对照,于 620 nm 处测得各管的吸光度(A_{620}),分别记为:$A_{清}$、A_{α_1}、A_{α_2}、A_{β}、A_{γ}。各种血清蛋白的相对百分含量为:

$$\omega(\text{蛋白质}) = \frac{\text{单个蛋白质的 } A_{620} \text{ 值}}{\text{所有蛋白质 } A_{620} \text{ 值总和}}$$

（2）光密度法：将步骤 5 中透明处理的薄膜用光密度计直接测定。

人血清各蛋白质相对百分含量的正常值为：

清蛋白	54.0%～73.0%
α_1-球蛋白	2.8%～5.1%
α_2-球蛋白	6.3%～10.6%
β-球蛋白	5.2%～11.0%
γ-球蛋白	12.5%～20.0%

【思考题】

1. 为什么将薄膜的点样端放在盐桥的阴极端？
2. 用乙酸纤维素薄膜作为电泳支持物有何优点？

实验 11　聚丙烯酰胺凝胶圆盘电泳分离血清蛋白

【实验目的】

1. 学习聚丙烯酰胺凝胶电泳原理。
2. 掌握聚丙烯酰胺凝胶圆盘电泳的操作技术。

【实验原理】

以聚丙烯酰胺为支持介质的电泳称为聚丙烯酰胺凝胶电泳（polyacrylamide gel electrophoresis，PAGE）。聚丙烯酰胺是由单体丙烯酰胺（简称 Acr）和交联剂 N,N'-甲叉双丙烯酰胺（简称 Bis）在催化剂过硫酸铵（简称 AP）或核黄素和加速剂 N,N,N',N'-四甲基乙二胺（简称 TEMED）的作用下，聚合交联而成的三维网状结构的聚合物凝胶（图 1-12）。聚丙烯酰胺凝胶具有一系列优点：① 化学性能稳定，一般不与被分离物发生反应；② 样品不易扩散；③ 几乎无电渗作用；④ 在合适的浓度范围内，凝胶透明，机械性能好，易观察。因此，聚丙烯酰胺凝胶电泳被广泛应用于蛋白质等生物大分子的分离分析中。

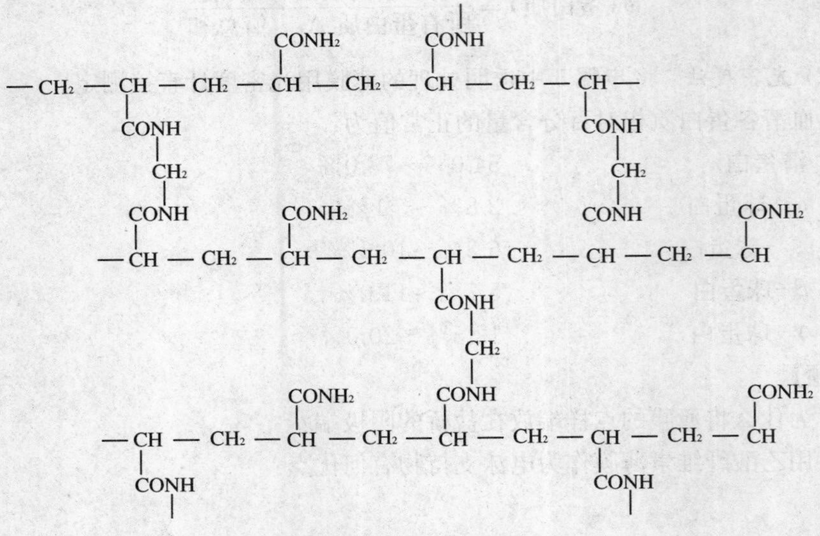

图 1-12　聚丙烯酰胺的三维网状结构

为了提高聚丙烯酰胺凝胶电泳的分辨率,通常采用不连续聚丙烯酰胺凝胶系统。即在分离胶上面有一层浓缩胶,因浓缩胶和分离胶中的离子成分、pH、凝胶浓度不同,电泳开始后,由于浓缩效应,较厚的蛋白质加样层可以被浓缩成很薄的蛋白质层,使电泳具有良好的分辨率。

【器材与试剂】

1. 器材

圆盘电泳槽、电泳仪(600 V)、玻璃管(内径 0.5 cm,长 9~12 cm,两端切口磨光)、封口膜(石蜡膜)、真空泵、真空干燥器、微量加样器、注射器、长针头注射器、洗耳球、新鲜血清。

2. 试剂

(1) 1 mol/L HCl。

(2) 丙烯酰胺(Acr)。

(3) N,N'-甲叉双丙烯酰胺(Bis)。

(4) N,N,N',N'-四甲基乙二胺(TEMED)。

(5) 过硫酸铵(AP)。

(6) 三羟甲基氨基甲烷(Tris)。

(7) 0.1%(m/V)氨基黑 10B 或 1%(m/V)考马斯亮蓝 R250 溶液。

(8) 40%(m/V)蔗糖溶液。

（9）蔗糖-溴酚蓝溶液：称取溴酚蓝50 mg,溶于 20％蔗糖溶液至 100 mL。

（10）甘氨酸- Tris 电泳缓冲液(pH 8.3)：称取甘氨酸 28.8 g,Tris 6.0 g,加适量水溶解,调 pH 至 8.3 后,定容至 1 000 mL。临用时稀释 10 倍。

（11）7％(m/V)三氯乙酸溶液。

（12）7％(m/V)乙酸溶液。

【实验步骤】

1. 储备液配制

A 液：取 1 mol/L HCl 48 mL、Tris 36.6 g、TEMED 0.24 mL,混匀。用稀 HCl 调 pH 至 8.9,加去离子水至 100 mL。浑浊可过滤。

B 液：取 1 mol/L HCl 24 mL、Tris 3.0 g、TEMED 0.24 mL, 混匀。用稀 HCl 调 pH 至 6.7,加去离子水至 50 mL。浑浊可过滤。

C 液：取 Acr 14.0 g、Bis 0.37 g,加去离子水溶解后定容至 50 mL,过滤。

D 液：取 Acr 5.0 g、Bis 1.25 g,加去离子水溶解后定容至 50 mL,过滤。

E 液：40％蔗糖。

F 液：新配制的 0.14％(m/V)过硫酸铵溶液。

以上储备液可提前配制,冰箱保存备用。其中 A、B、C、D 液可用 2 个月,F 液可用一周。

2. 凝胶的制备

（1）准备工作：将试剂储备液从冰箱中取出,放至室温。用封口膜将玻璃管一端仔细包裹2～3 层(以不漏液为准)。

（2）制备小孔胶(分离胶)：取 2 个小烧杯,按 A 液：C 液：水：F 液等于 1：2：1：3 的比例,分别取 A 液、C 液和水置于一小烧杯中,混匀,F 液置另一小烧杯中。将两个小烧杯同时放在真空干燥器中抽气 5～10 min,可见有气泡冒出。

将 2 个小烧杯内的液体倒在一起轻轻混匀(勿重新带入空气),用滴管先取少量凝胶液加至玻璃管内并甩几下,使液体置于底部,同时注意观察是否漏胶。然后尽快将其余凝胶液装入,至距上端口 2 cm 为止。将玻璃管垂直固定,仔细地向表面加一层水以隔绝空气。此时可见水与胶之间有一界线,但很快消失。25～35℃聚合 30～60 min,当再次看到水与凝胶之间的界线时,表示聚合完成。吸去凝胶表面的水。

（3）制备大孔胶(浓缩胶)：取 2 个小烧杯,按 B 液：D 液：E 液：F 液＝ 1：1.5：1：4 的比例,分别取 B 液、D 液和 E 液置于一小烧杯中,混匀,F 液置另一小烧杯中,同时抽气。将 2 个小烧杯内的液体轻轻混匀,加至小孔胶上面至 1 cm 高度,仔细地向表面加一层水。25～35℃聚合20～30 min,聚合后的大孔胶呈乳白色。吸去凝胶表面的水。

3. 电泳槽安装

向电泳槽下槽加入适量甘氨酸-Tris 电泳缓冲液。去掉玻璃管下端的封口膜,将玻璃管固定在电泳槽上,阴极在上,阳极在下。向上槽加入少量电泳缓冲液观察是否漏液,然后继续加缓冲液至浸没过玻璃管上端口及电泳槽上盖的电极。用弯头滴管排除玻璃管下端口的气泡,连接好电泳仪。

4. 加样

取新鲜血清 5 μL 加于白瓷板凹穴内,用 100 μL 蔗糖-溴酚蓝溶液稀释。取 30~50 μL 稀释好的样品沿管壁加于大孔胶上。

5. 电泳

电泳开始时,调整电压为 120~200 V(此时电流 1~3 mA/管),待溴酚蓝移至大孔胶与小孔胶界面时,加大电压为 280~360 V(此时电流 3~5 mA/管)。当溴酚蓝移至近凝胶下端口时(2~3 h)电泳结束。切断电源,分别回收上、下槽电泳缓冲液。

6. 剥胶

取下玻璃管,用装有长针头的注射器沿玻璃管内壁慢慢地边注水边进入,并沿玻璃管内壁轻轻转动针头,可多次反复进行。当看到胶条松动时,用洗耳球小心地将胶条推出,装于试管中。

7. 固定与染色

为防止样品扩散应尽快将胶条固定并染色,可选用以下方法。

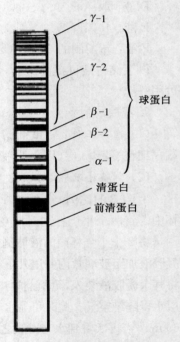

图 1-13　聚丙烯酰胺凝胶电泳血清蛋白区带分布图

(1) 向装有胶条的试管中加入 7% 三氯乙酸溶液固定 15~20 min,用 0.1% 氨基黑 10B 室温染色 30~60 min(或 40~50℃ 温箱 15~20 min)。用水冲去表面多余染液,用 7% 乙酸浸泡脱色。

(2) 向装有胶条的试管中加入 10% 三氯乙酸固定 15~20 min,用 0.25% 考马斯亮蓝 R250 室温染色 30 min。用水冲去表面多余染液,以 7% 乙酸浸泡脱色。脱色后可见血清蛋白在凝胶条上分离出十几到二十几条带(图 1-13)。脱色后的胶条可于 7% 乙酸中保存。

【要点提示】

1. Acr 和 Bis 单体具有神经毒性,并刺激皮肤,应注意防护。

2. 分离胶聚合时间应控制在 30~60 min,聚合过快使凝胶太脆易断裂,主要由

AP 或 TEMED 过量引起。聚合过慢甚至不聚合,可能是 AP 或 TEMED 用量不足或已失效。

3. 电泳时如果电泳槽盖上有冷凝水,则表示电压或电流过大,体系发热,可引起蛋白质变性、凝胶底部断裂等,应注意调整。特别是进入分离胶后应通过控制电压,调节电流不超过 5 mA/管。

4. 溴酚蓝在碱性溶液中呈蓝色,在酸性溶液中呈黄色,所以固定时间可以以凝胶条上溴酚蓝指示剂由蓝色变黄色而定。

5. 电极缓冲液可重复使用若干次,但上、下槽缓冲液不可以混淆,因下槽缓冲液中已混进催化剂及氯离子(快离子),如将它当作上槽液就会影响电泳效果。为节约试剂,可将下槽缓冲液弃去,上槽缓冲液作为下槽缓冲液,可连续使用2～3 次。

【思考题】

1. 查阅相关文献,说明不连续电泳中的浓缩效应主要是怎样引起的?

2. 为什么要在样品中加入少许溴酚蓝和一定浓度的蔗糖溶液?

3. 欲使样品得到较好的分离效果,进行聚丙烯酰胺凝胶电泳时应注意哪些关键步骤?

实验 12　利用蛋白质内源荧光分析蛋白质构象变化

【实验目的】

1. 学习蛋白质内源荧光与蛋白质构象变化的关系,以及变性剂对蛋白质构象的影响。

2. 掌握荧光分光光度计的使用方法。

【实验原理】

荧光是指分子吸收光辐射后,发射出比吸收光波长更长的光波。分子吸收光辐射后,分子中在基态轨道上的电子会跃迁到高能轨道,称为高能激发态,电子在激发态高能轨道上极不稳定,极快速地(约 10^{-15} 秒)回落到低能激发态轨道上,并以非辐射方式释放出一定能量($10^{-14} \sim 10^{-11}$秒),在低能激发态轨道上的电子能量状态仍然不稳定,电子继续快速($10^{-9} \sim 10^{-7}$秒)地跳回基态轨道上,同时释放出光子,即荧光(图1-14)。由于荧光产生于电子由低能激发态轨道向基态轨道跃迁,因此荧光波长长于激发光波长,称为斯托克斯(Stokes)红移。

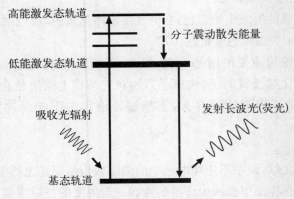

图1-14   荧光发射机制

图中的箭头代表电子跃迁过程

蛋白质含三种可发射荧光的氨基酸,即色氨酸(Trp)、酪氨酸(Tyr)和苯丙氨酸(Phe)。这三种氨基酸发射荧光信号强度差别很大,它们的荧光信号强度比约为 Trp：Tyr：Phe ＝100：20：1,因此蛋白质内源荧光主要来源于 Trp 和 Tyr,特别是 Trp。

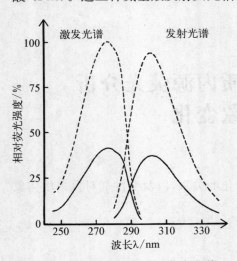

图1-15   蛋白质变性前后荧光光谱

实线(—)为未变性前蛋白质荧光光谱,虚线(---)为变性后荧光激发和发射光谱;左侧为荧光激发光谱,右侧为荧光发射光谱

蛋白质中荧光氨基酸的荧光发射强度和最大发射波长受荧光氨基酸周围环境影响很大,如周围介质的极性、pH 和邻近化学基团等。当蛋白质变性时,蛋白质的空间构象遭到破坏,荧光氨基酸周围的环境也发生变化。例如,原来位于蛋白质内疏水内核中的荧光氨基酸,由于蛋白质变性而暴露在极性介质中,其荧光信号强度和荧光发射峰的波长也会发生显著变化,因此通过检测蛋白质内源荧光信号的变化,可以灵敏地分析蛋白质构象变化(图1-15)。

【器材与试剂】

1. 器材

荧光分光光度计、EP 管、移液器。

2. 试剂

(1) 8 mol/L 尿素溶液：称取 4.8 g 尿素，放入刻度试管中，加水定容到 10 mL（可以用温水加热助溶），即为 8 mol/L 的尿素溶液。

(2) 测试蛋白母液：2 μmol/L RNA 酶。

【实验步骤】

1. 系列浓度的尿素溶液配制

取 EP 管 9 支，用记号笔编号，按下表加入试剂。

试　　剂	EP 管编号								
	0	1	2	3	4	5	6	7	8
8mol/L 尿素溶液/mL	0	0.13	0.25	0.37	0.50	0.63	0.75	0.87	1
去离子水/mL	1	0.87	0.75	0.63	0.50	0.37	0.25	0.13	0
尿素浓度/(mol/L)	0	1	2	3	4	5	6	7	8

2. 含 1 μmol/L RNA 酶的不同浓度尿素溶液配制

用移液器吸取 1 mL 的 2 μmol/L RNA 酶，分别加入不同浓度的尿素溶液的 EP 管中。

3. 荧光光谱分析

选用合适的荧光分光光度计，设定激发光波长为 280 nm，扫描不同浓度尿素变性的 RNA 酶溶液的荧光光谱，记录最大发射峰波长和荧光信号的峰值。

4. 数据处理

(1) 以尿素浓度为横坐标，RNA 酶溶液荧光信号的峰值为纵坐标，未变性 RNA 酶荧光信号为基准，绘制曲线，分析尿素导致蛋白质变性后，蛋白质内源荧光强度的变化。

(2) 以尿素浓度为横坐标，RNA 酶溶液最大发射峰波长(nm)为纵坐标，未变性 RNA 酶溶液最大发射峰波长(nm)为基准，绘制曲线，分析尿素导致蛋白质变性后，蛋白质内源荧光最大发射峰的红移现象。

【要点提示】

荧光分光光度计的操作与分光光度计相似，区别在于荧光分光光度计的检测器位置与样品的入射光成几何直角。本实验检测蛋白质的内源荧光，使用了紫外光波段,因此需要用四面透明的石英比色皿。

【思考题】

1. RNA 酶溶液被沸水处理后,慢慢冷却到室温,其处理前后内源荧光强度是否有变化? 有无红移现象?

2. 简述荧光分光光度计和紫外分光光度计的工作原理,它们有何区别?

实验 13　分子伴侣对变性萤火虫萤光素酶复性的影响

【实验目的】

检测分子伴侣对蛋白质复性的影响。

【实验原理】

分子伴侣是细胞中一类特别的蛋白质,承担多种多样的生物学功能,如辅助新生肽折叠形成正确的空间结构、防止蛋白质变性并促进变性蛋白质复性,以及介导未能复性的蛋白质降解,其作用底物是蛋白质。高温诱导的热激蛋白(heat shock protein,HSP),如 HSP101 家族、HSP90 家族、HSP70 家族和小分子热激蛋白家族,也归属分子伴侣。由于分子伴侣能阻止蛋白质变性,促进变性蛋白质复性,因此通过测定蛋白复性速度,可以评估分子伴侣活性。

检测分子伴侣活性,需要一个靶标蛋白,萤火虫萤光素酶是比较理想的靶标蛋白之一。野生型北美萤火虫萤光素酶(*Photinus pyralis* luciferase,本实验中简称为萤光素酶)对高温极其敏感,33～34℃的温度就可以导致无细胞体系中的萤光素酶失活,加之萤光素酶活性测定方法成熟、灵敏和简便,因此被广泛地用作蛋白质复性的分子标志,用于检测分子伴侣体系。

研究分子伴侣的体外活性,反应体系中需要有浓度较高的分子伴侣,来自兔血液的网织红细胞裂解物或小麦麦胚提取物富含多种分子伴侣,且无细胞核,两种提取物均有商用产品,因此成为分子伴侣体外活性分析的经典实验体系。

本实验以兔网织红细胞裂解物为分子伴侣分析体系,用极易热变性的萤光素酶为分子标志,测定分子伴侣对萤光素酶复性的影响。

【器材与试剂】

1. 器材

化学发光检测仪(GloMax® 20/20)、高透明 EP 管、移液器、恒温水浴锅、离心机。

2. 试剂

(1) 兔网织红细胞裂解物(rabbit reticulocyte lysate, Untreated,普洛麦格,货号 L4151,1 mL 包装)。

(2) 萤光素酶底物(普洛麦格,货号 E1500 试剂盒,包含萤光素、ATP 和反应缓冲液,荧光素酶检测系统):用前按照说明书,用试剂盒自带缓冲液进行稀释,配制成工作浓度溶液。

(3) 萤光素酶(普洛麦格,货号 E1701,1 mg 包装)。

(4) 酶稳定保存缓冲液:25 mmol/L Tricine - HCl (pH 7.7),8 mmol/L $MgSO_4$,0.1 mmol/L EDTA 和 10 mg/mL 牛血清清蛋白。

(5) 甘油和 Triton - 100 混合液:50% (V/V) 甘油,5% (V/V) Triton - 100,混匀。

(6) 萤光素酶母液:取酶稳定保存液 40 μL,加到含 1 mg 萤光素酶的 EP 管或小玻璃瓶中,充分溶解萤光素酶后,再加入甘油和 Triton - 100 混合液 10 μL,混匀,即为萤光素酶母液。该母液在 4℃环境下可保存一个月,在 -80℃环境下可长期保存。

(7) 蛋白质复性缓冲液:10 mmol/L MOPS - KOH (pH 7.2),50 mmol/L KCl,3 mmol/L 乙酸镁,2 mmol/L DTT,混匀。

(8) 10 mg/mL 牛血清清蛋白-蛋白质复性缓冲液:称取 BSA 100 mg,用蛋白质复性缓冲液 10 mL 溶解,离心,弃去不溶物,保留上清备用。

(9) ATP 母液(TaKaRa 产品):100 mmol/L ATP 母液 (pH 8.0)。

【实验步骤】

1. 配制变性萤光素酶溶液

取 5 μL 实验用量的萤光素酶母液,加蛋白质复性缓冲液 95 μL,混匀,12 000 r/min 低温离心 10 min,取上清至 EP 管,将 EP 管置于 41℃水浴,热处理 10 min,让萤光素酶充分变性,即为变性萤光素酶溶液。

2. 添加 ATP 母液

向 100 μL 的变性萤光素酶溶液中加入 100 mmol/L ATP 母液 3 μL。

3. 复性实验

取兔网织红细胞裂解物 50 μL,加入含 ATP 的变性萤光素酶溶液 5 μL,混匀,30℃保温,进行复性。每隔 10 min 取 5 μL 复性溶液,加入萤光素酶底物 25 μL,用化学发光检测仪测定萤光产量。

4. 对照实验

(1) 对照实验一：取蛋白质复性缓冲液 50 μL,加入含 ATP 的变性萤光素酶溶液 5 μL,混匀,30℃保温。每间隔 10 min 取 5 μL 复性溶液,加入萤光素酶底物 25 μL,用化学发光检测仪测定萤光信号值。复性过程一般持续 90 min。

(2) 对照实验二：取牛血清清蛋白-蛋白质复性缓冲液 50 μL,加入含 ATP 的变性萤光素酶溶液 5 μL,混匀,30℃保温。每间隔 10 min 取 5 μL 复性溶液,加入萤光素酶底物 25 μL,用化学发光检测仪测定萤光信号值。复性过程一般持续 90 min。

5. 记录实验结果

以复性时间为横坐标,萤光信号值为纵坐标,绘制兔网织红细胞裂解物复性萤光素酶曲线,并在同一张图中绘制复性对照实验结果。

【要点提示】

1. 网织红细胞是晚幼红细胞脱核后,在发育成熟前的一种过渡型细胞,属于尚未完全成熟的红细胞。网织红细胞不包含细胞核,但其胞质中残存嗜碱性核糖体 RNA,经亚甲蓝染色后,嗜碱性物质成蓝黑色颗粒,颗粒与颗粒连缀成网,故而得名。网织红细胞裂解物富含多种分子伴侣,如 HSP90、HSP70 和 小 HSP,是比较理想的分子伴侣测试系统。由于富含分子伴侣,网织红细胞裂解物也是研究蛋白质体外翻译的理想工具。来自麦胚的提取物也富含分子伴侣(普洛麦格,货号 L4380),是研究植物分子伴侣和进行蛋白质体外翻译实验体系。

2. 目前兔网织红细胞裂解物、麦胚提取物、萤火虫萤光素酶和萤光素酶测定试剂有商用产品,非常方便。网织红细胞裂解物和麦胚提取物需要超低温保存,用时解冻。

3. 本实验使用的萤光素酶底物试剂盒包含过量的萤光素和 ATP,其测试原理与实验过程类似"生物发光法测定 ATP 浓度"实验,仅 ATP 发光反应试剂盒与萤光素酶底物试剂盒成分不同,前者包含过量萤光素酶和萤光素,不含 ATP,后者含过量 ATP 和萤光素,不含萤光素酶,用于测定萤光素酶活性。

4. 化学发光仪使用了高灵敏度的光电倍增管,在仪器测试期间,不要打开仪器的黑色仓盖。

5. 高透明 EP 管可以提高萤光检测效率。

【思考题】

1. 网织红细胞裂解物和麦胚提取物均为无细胞体系,它们的应用有区别吗?

2. 耐高温的长腹水蚤萤光素酶(Gaussia luciferase)可以用来分析分子伴侣活性吗?

3. 本实验中为什么需要用牛血清清蛋白为对照?

实验14 酶的特异性

【实验目的】

1. 了解酶的特异性。

2. 掌握检查酶特异性的方法及原理。

【实验原理】

酶是生物体内一类具有催化功能的生物大分子(如蛋白质或 RNA),即生物催化剂,传统上的酶指蛋白质酶。它与一般催化剂的最主要区别是高度特异性。所谓特异性是指酶对所作用的底物有严格的选择性,即一种酶只能对一种或一类化合物起催化作用,可分为结构特异性和立体异构特异性。

淀粉和蔗糖都是非还原性糖,分别为唾液淀粉酶和蔗糖酶的专一底物。唾液淀粉酶可水解淀粉生成具有还原性的麦芽糖,但不能水解蔗糖;蔗糖酶可水解蔗糖生成具有还原性的葡萄糖和果糖,但不能水解淀粉。

本尼迪克特(Benedict)试剂(又称班氏试剂)是含硫酸铜和柠檬酸钠的碳酸钠溶液,可以将还原糖氧化成相应的化合物,同时 Cu^{2+} 被还原成 Cu^+,即蓝色硫酸铜溶液被还原产生砖红色的氧化亚铜沉淀。因此,可用本尼迪克特试剂检查两种酶水解各自的底物所生成产物的还原性,来加深对酶特异性的理解。

【器材及试剂】

1. 器材

恒温水浴锅、试管及试管架、漏斗、刻度移液管、量筒、烧杯、离心机、市售干酵母。

2. 试剂

(1) 2%(m/V)蔗糖溶液。

(2) 1%(m/V)淀粉[内含 0.3%(m/V)的 NaCl]溶液。

(3) 唾液淀粉酶溶液:先用蒸馏水漱口,然后用洁净试管 1 支,取唾液(无泡沫)约2 mL,蒸馏水 20 倍稀释,备用。

(4) 蔗糖酶溶液:取活性干酵母 1.0 g,置于研钵中,加少量蒸馏水及石英砂研磨约 10 min,再加蒸馏水至总体积约为 20 mL,过滤或离心,取滤液或上清液备用。

(5) 本尼迪克特试剂：将无水 $CuSO_4$ 17.4 g 溶于 100℃热水中,冷却后稀释至 150 mL。另取柠檬酸钠 173 g 及无水 Na_2CO_3 100 g 放入 600 mL 水中,加热溶解,溶液如有浑浊,过滤,冷后稀释至 850 mL。最后将 $CuSO_4$ 溶液倾入柠檬酸-Na_2CO_3溶液中,混匀(此溶液可长期保存)。

【实验步骤】

1. 淀粉酶的特异性

取试管 5 支并编号,按下表操作。

试　　剂	试　管　编　号				
	1	2	3	4	5
1%淀粉溶液/mL	1.0	—	1.0	—	—
2%蔗糖溶液/mL	—	1.0	—	1.0	—
唾液淀粉酶溶液/mL			1.0	1.0	1.0
蒸馏水/mL	1.0	1.0			1.0
		混匀			

将试管一起放入 37℃恒温水浴保温 10 min,然后各加入本尼迪克特试剂 1 mL,移入沸水浴 5 min。

观察各管颜色变化,并解释实验结果。

2. 蔗糖酶的特异性

取试管 5 支并编号,按下表操作。

试　　剂	试　管　编　号				
	1	2	3	4	5
1%淀粉溶液/mL	1.0	—	1.0	—	—
2%蔗糖溶液/mL	—	1.0	—	1.0	—
蔗糖酶溶液/mL			1.0	1.0	1.0
蒸馏水/mL	1.0	1.0			1.0
		混匀			

放入 37℃恒温水浴 10 min,然后各加入本尼迪克特试剂 1 mL,移入沸水浴 5 min。

观察各管颜色变化,并解释实验结果。

【要点提示】

1. 蔗糖是典型的非还原糖,若商品中还原糖的含量超过一定的标准,则呈现还原性,这种蔗糖不能使用。一般在实验前要对所用的蔗糖进行检查,至少要用分析纯试剂。

2. 由于不同的人或同一个人不同时间采集的唾液内淀粉酶的活性并不相同,有时差别很大,所以唾液的稀释倍数可根据各人的唾液淀粉酶的活性进行调整,一般为 10～100 倍。

3. 制备的蔗糖酶溶液一般情况下含有少量的还原糖杂质,所以可出现轻度的阳性反应。另外,不纯净的淀粉及加热过程中淀粉的部分降解,也可出现轻度的阳性反应。

4. 除了含有淀粉酶外,唾液中还含有少量的麦芽糖酶,可使麦芽糖水解为葡萄糖。

【思考题】

1. 什么是酶的特异性? 本实验如何验证酶的特异性?

2. 若将淀粉酶和蔗糖酶煮沸 1 min,其实验结果会发生什么样的变化?

实验 15　酶促反应动力学

15.1　pH 对酶活力的影响

【实验目的】

1. 了解 pH 对酶活力的影响。

2. 学习测定酶最适 pH 的方法。

【实验原理】

对环境酸碱度敏感是酶的特点之一。对每一种酶来说,只能在一定 pH 范围内才表现其活力,否则酶即失活。此外,在这个有限的 pH 范围内,酶活力也会随着环境 pH 的改变而有所不同。酶通常在某一 pH 时,才表现最大活力,酶表现最大活力时的 pH 称为酶的最适 pH。一般酶的最适 pH 为 4～8。

淀粉遇碘呈蓝色。糊精按其分子大小,遇碘可呈蓝色、紫色、暗褐色或红色。最简单的糊精和麦芽糖遇碘不呈色。在不同条件下,淀粉被唾液淀粉酶水解的程度可由水解混合物遇碘呈现的颜色来判断。

本实验观察 pH 对唾液淀粉酶活力的影响,唾液淀粉酶的最适 pH 约为 6.8(图 1-16)。

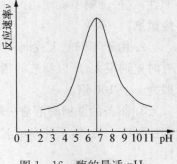

图 1-16　酶的最适 pH

【器材与试剂】

1. 器材

恒温水浴锅、试管、试管架、锥形瓶(50 mL 或 100 mL)、刻度移液管(1 mL、2 mL、5 mL、10 mL)、秒表、白瓷板、pH 试纸。

2. 试剂

(1) 唾液淀粉酶溶液:稀释 10~100 倍的新鲜唾液(唾液收集和稀释方法参照实验 14)。

(2) 新配制的 0.3%(m/V)NaCl - 0.5%(m/V)淀粉溶液:称取可溶性淀粉 5 g,先用 50 mL 0.3% NaCl 溶液调成悬浊液,然后倾入煮沸了的 950 mL 0.3% NaCl 溶液中,混匀,冷却后备用。

(3) 0.2 mol/L Na_2HPO_4 溶液:称取 $Na_2HPO_4 \cdot 7H_2O$ 53.65 g(或 $Na_2HPO_4 \cdot 12H_2O$ 71.7 g),溶于少量蒸馏水中,移入 1 000 mL 容量瓶,加蒸馏水稀释到刻度。

(4) 0.1 mol/L 柠檬酸溶液:称取含一个结晶水的柠檬酸 21.01 g,溶于少量蒸馏水中,移入 1 000 mL 容量瓶,加蒸馏水至刻度。

(5) KI - I_2 溶液:将 KI 20 g 及 I_2 10 g 溶于 100 mL 水中。使用前稀释 10 倍。

【实验步骤】

1. 配制缓冲液

取大试管 6 支,编号。按下表中的比例,用刻度移液管准确添加 0.2 mol/L Na_2HPO_4 溶液和 0.1 mol/L 柠檬酸溶液,充分混匀,制备 pH 5.0~8.0 的 5 种缓冲液。

向每支试管中添加 0.5% 淀粉溶液 2 mL。6 号试管与 3 号试管的内容物相同。

试管号	试　　　剂		
	0.2 mol/L Na_2HPO_4/mL	0.1 mol/L 柠檬酸/mL	缓冲液 pH
1	1.55	1.45	5.0
2	1.9	1.1	6.0

续 表

试管号	试	剂	
	0.2 mol/L Na$_2$HPO$_4$/mL	0.1 mol/L 柠檬酸/mL	缓冲液 pH
3	2.3	0.7	6.8
4	2.8	0.2	7.6
5	2.9	0.1	8.0
6	2.3	0.7	6.8

2. 测定 6 号试管淀粉完全水解所需时间

向 6 号试管中加入稀释 10～100 倍的唾液 2 mL,迅速摇匀后放入 37℃恒温水浴锅中保温。每隔 1 min 由 6 号试管中取出一滴混合液,置于白瓷板上,加 1 滴 KI‑I$_2$ 溶液,检验淀粉的水解程度。待结果呈橙黄色时,取出试管,记录保温时间。

3. 观察各管结果确定最适 pH

以 1 min 的间隔,依次向 1 号至 5 号试管中加入以上稀释 10～100 倍的唾液 2 mL,迅速摇匀,并以 1 min 的间隔依次将 5 支试管放入 37℃恒温水浴锅中保温。然后,按照 6 号试管的保温时间,依次将各管迅速取出,并立即加入 KI‑I$_2$ 溶液 2 滴,充分摇匀。观察各管呈现的颜色,判断在不同 pH 下淀粉被水解的程度,可以看出 pH 对唾液淀粉酶活力的影响,并确定其最适 pH。

【要点提示】

1. 掌握第 6 号试管的水解程度是本实验成败的关键之一。

2. 淀粉溶液需新鲜配制,并注意配制方法。

3. 严格控制温度。在保温期间,水浴温度不能波动,否则影响结果。

4. 严格控制反应时间,保证每管的反应时间相同。

15.2 温度对酶活力的影响

【实验目的】

了解温度对酶活力的影响。

【实验原理】

酶的催化作用受温度的影响很大,与一般化学反应一样,提高温度可以增加酶促反应的速率。但是大多数酶是蛋白质,温度过高可引起蛋白质变性,导致酶的失活。因此,反应速率达到最大值以后,随着温度的升高,反应速率反而逐渐下降,以至完全

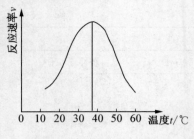

图 1-17　酶的最适温度

停止反应。反应速率达到最大值时的温度称为酶的最适温度。大多数动物酶的最适温度为 37～40℃,大多数植物酶的最适温度为 50～60℃(图 1-17)。

最适温度不是酶的特征性物理常数。酶对温度的稳定性与其存在形式有关。低温能降低或抑制酶活力,但不使酶失活。

淀粉与各级糊精遇碘呈现不同的颜色。最简单的糊精和麦芽糖遇碘不呈色。在不同温度下,唾液淀粉酶对淀粉水解活力的高低可通过水解混合物遇碘呈现颜色的不同来判断。

【器材与试剂】

1. 器材

试管、试管架、恒温水浴锅、冰箱、漏斗、量筒。

2. 试剂

(1) 唾液淀粉酶溶液:稀释 10 倍的新鲜唾液。

(2) 新配制的 $0.3\%(m/V)NaCl$-$0.5\%(m/V)$淀粉溶液。

(3) KI-I_2 溶液。

【实验步骤】

1. 添加试剂

取试管 3 支,编号后按下表加入试剂。

试　　　剂	试　管　编　号		
	1	2	3
淀粉溶液/mL	1.5	1.5	1.5
稀释唾液/mL	1.0	1.0	—
煮沸过的稀释唾液/mL	—	—	1.0

2. 观察并记录实验结果

迅速摇匀后,将 1 号、3 号试管放入 37℃恒温水浴中,2 号试管放入冰水中。10 min 后取出(将 2 号管内液体分为两半),用 KI-I_2 溶液检验 1 号、2 号(一半溶液)、3 号管内淀粉被唾液淀粉酶水解的程度,记录并解释结果。将 2 号管剩下的一半溶液放入 37℃水浴中继续保温 10 min,再用 KI-I_2 溶液检验,记录并解释结果。

【要点提示】

1. 唾液的稀释倍数应根据各人唾液淀粉酶活力进行调整。

2. 严格控制恒温水浴锅的温度。

15.3 激活剂和抑制剂对酶活力的影响

【实验目的】

了解激活剂、抑制剂对酶活力的影响。

【实验原理】

酶活力常受某些物质的影响,有些物质能增强酶活力,称为酶的激活剂;有些物质则会降低酶活力,称为酶的抑制剂。例如,Cl^- 为唾液淀粉酶的激活剂,Cu^{2+} 则为该酶的抑制剂。

本实验以 NaCl 和 $CuSO_4$ 对唾液淀粉酶活力的影响,观察其对酶的激活和抑制作用。

将淀粉与酶液相混,作用一定时间后,淀粉被水解,遇碘不产生蓝色。酶活力强,需时短;酶活力弱,需时长,故可用时间长短表示酶活力的强弱。

【器材与试剂】

1. 器材

恒温水浴锅、白瓷板、试管、试管架、滴管、刻度移液管。

2. 试剂

(1) 唾液淀粉酶溶液:稀释 10～100 倍的新鲜唾液。

(2) 0.1%(m/V)淀粉液:称取可溶性淀粉 0.1 g,先用少量水调成糊状,再加煮沸热水稀释至 100 mL。

(3) 1%(m/V)NaCl 溶液。

(4) 1%(m/V)$CuSO_4$ 溶液。

(5) 稀碘液:于 2%KI 溶液中加入碘至淡黄色。

【实验步骤】

1. 配制反应溶液

取试管 3 支,按下表编号加入相应试剂。

试管编号	试 剂				
	0.1%淀粉/mL	1% NaCl/mL	1% CuSO$_4$/mL	H$_2$O/mL	1:20～100 唾液/mL
1	2	1	—	—	1
2	2	—	1	—	1
3	2	—	—	1	1

2.观察并解释实验结果

加毕,摇匀,同时置 37℃恒温水浴锅中保温,每隔 2 min 取液体 1 滴置白瓷板上用碘液试之,观察哪支试管内液体最先不呈现蓝色,哪支试管次之,说明原因。

【要点提示】

1.每管中加入的底物应是不含 NaCl 的 0.1% 淀粉溶液。

2.从各管取反应液时,应依次从第一管开始,每次取液前应将滴管用蒸馏水洗净。

【思考题】

1.在 pH 对酶活力的影响实验中需要准确地控制酶与底物的作用时间和温度,你准备用怎样的手段来进行控制?

2.酶的作用为什么会有最适温度和最适 pH?

3.在激活剂和抑制剂对酶活力的影响实验中 NaCl 和 $CuSO_4$ 各起什么作用?

实验 16　琥珀酸脱氢酶的竞争性抑制

【实验目的】

了解丙二酸对琥珀酸脱氢酶的竞争性抑制作用。

【实验原理】

某些物质在化学结构上与酶的底物相似,因而也能与酶的活性中心结合。当它的浓度增大时,就占据了酶的活性中心,使酶不能与底物结合,因而酶的活性受到抑制,这种抑制作用叫作竞争性抑制。其特点是:抑制作用的强弱取决于抑制剂的浓度和底物浓度的相对比例,若底物浓度大,抑制剂的抑制作用就减弱;若抑制剂浓度大,抑制剂的抑制作用就增强。

由于丙二酸与琥珀酸在结构上相似,所以它可竞争性地抑制琥珀酸脱氢酶对琥珀酸的作用。

肌肉组织中含有琥珀酸脱氢酶,能催化琥珀酸脱氢转变成延胡索酸。在体内,琥珀酸脱氢酶催化琥珀酸脱下来的氢经一系列递氢体和递电子体,最后交给氧,生成水,同时放出大量能量,供机体利用。在体外,可以人为地使反应在无氧的条件下进行,反应中生成的 $FADH_2$ 可使蓝色的美蓝(氧化型)还原为无色的美蓝(还原型),因此,可以从美蓝的褪色情况观察琥珀酸脱氢酶的作用。

$$琥珀酸 + FAD \xrightarrow{琥珀酸脱氢酶} 延胡索酸 + FADH_2$$

$$美蓝(氧化型,蓝色) + FADH_2 \xrightarrow{无氧条件} 美蓝 - 2H(还原型,无色) + FAD$$

【器材与试剂】

1. 器材

恒温水浴锅、手术剪、研钵、试管与试管架、刻度移液管、漏斗、脱脂棉、吸水纸、新鲜动物(小白鼠、兔、蛙、鸡、猪等)肌肉。

2. 试剂

(1) 0.1 mol/L 磷酸缓冲液(pH 7.4):0.1 mol/L Na_2HPO_4 80.8 mL 和 0.1 mol/L KH_2PO_4 19.2 mL 混合。

(2) 0.02 mol/L 丙二酸钠溶液。

(3) 0.02 mol/L 琥珀酸钠溶液。

(4) 0.01%(m/V)美蓝溶液。

(5) 生理盐水。

(6) 液体石蜡。

【实验步骤】

1. 提取酶液

取新鲜动物肌肉 3~5 g,用冰冷的生理盐水洗 2 次,用吸水纸吸去水分,放于研钵中,在冰浴中剪碎,研磨成糜状,加冰冷的 0.1 mol/L pH 7.4 的磷酸缓冲液 10 mL 研磨成浆状,用少量脱脂棉过滤,即得肌提液(酶液),低温保存。

2. 添加反应试剂

取试管 3 支,按下表操作。

试　　剂	试　管　编　号		
	1	2	3
肌提液/mL	2	2	2(煮沸)
0.02 mol/L 丙二酸钠溶液/mL	—	1	—
蒸馏水/mL	1	—	1
0.02 mol/L 琥珀酸钠溶液/mL	2	2	2
0.01%美蓝溶液/滴	5	5	5

3. 观察并记录美蓝褪色情况

将各试管迅速摇匀,并于液体上层滴加液体石蜡 5 滴,盖在液面上,以隔绝空气,置于 37℃ 恒温水浴锅中保温,随时观察各管中美蓝的褪色情况,并记录时间。

再次摇动试管,观察溶液颜色有何变化。

【要点提示】

1. 提取酶液的肌肉一定要新鲜,最好取自刚处死的动物。酶液的提取需在冰浴中进行,以防酶失活。

2. 丙二酸钠溶液、琥珀酸钠溶液亦可用丙二酸溶液、琥珀酸溶液代替。

3. 本实验过程中,需快速加入试剂,摇匀后迅速加入液体石蜡。

4. 加液体石蜡的目的是使反应液与空气隔绝,因此加液体石蜡时需斜持试管,沿管壁加入,不要产生气泡。

5. 加完液体石蜡后,在观察结果的过程中,不要摇动试管,以免溶液与空气接触而使美蓝重新氧化变蓝。

【思考题】

1. 为什么酶液的提取要在冰浴中进行?

2. 为什么要在反应液的上面覆加液体石蜡? 保温过程中为什么不能摇动试管?

3. 各管中美蓝的褪色情况有何不同? 为什么?

实验 17　脲酶 K_m 值的测定

【实验目的】

掌握双倒数作图法测定脲酶 K_m 值的原理和方法。

【实验原理】

脲酶催化脲水合成碳酸铵,碳酸铵在碱性溶液中与奈氏试剂作用,产生橙黄色的碘化双汞铵。在一定浓度范围内,碘化双汞铵颜色深浅与脲酶催化产生的碳酸铵多少成正比,利用分光光度法可测定出单位时间所产生的碳酸铵量,从而计算出酶促反应的速率。

$$CO(NH_2)_2 + 2H_2O \xrightarrow{\text{脲酶}} (NH_4)_2CO_3$$

$$(NH_4)_2CO_3 + 8NaOH + 4K_2[HgI_4] \longrightarrow$$

$$2\ O\underset{Hg}{\overset{Hg}{\diagdown}}NH_2I + 6NaI + 8KI + Na_2CO_3 + 6H_2O$$

（橙黄色）

在保持恒定的合适条件（时间、温度及 pH）下，以相同浓度的脲酶催化不同浓度的脲发生水合反应，在一定限度内，酶促反应速率与脲浓度成正比。因此，以酶促反应速率的倒数（$1/v$）为纵坐标，脲浓度的倒数（$1/[S]$）为横坐标，利用双倒数作图法（Lineweaver-Burk 作图法），得一直线（图 1-18）。其中，横轴截距 $= -1/K_m$，纵轴截距 $= 1/V_{max}$，由此即可求出脲酶的 K_m 值。

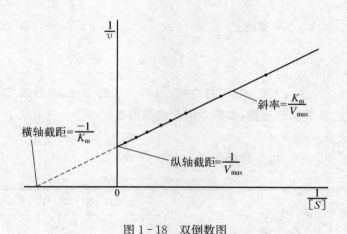

图 1-18 双倒数图

K_m 值一般可以看作酶促反应中间产物的解离常数。测定 K_m 值对研究酶的作用机制、观察酶与底物间亲和力的大小、鉴别酶类，以及区分酶的竞争性抑制与非竞争性抑制具有重要意义。

【器材与试剂】

1. 器材

恒温水浴锅、分光光度计、小漏斗、滤纸、移液器、刻度移液管、试管。

2. 试剂

(1) 不同浓度的脲液：称取脲 6.006 g，加水溶解后定容至 1 000 mL，即为 1/10 mol/L 脲液。将此脲液进一步稀释成 1/80、1/120、1/160、1/200、1/240 mol/L

等不同浓度的脲液。

(2) 1/15 mol/L 磷酸缓冲液(pH 7.0)：$Na_2HPO_4 \cdot 2H_2O$ 7.126 g，KH_2PO_4 3.631 g，加水溶解并定容至 1 000 mL。

(3) 奈氏试剂：称取 KI 5 g，溶于蒸馏水 5 mL，加入饱和 $HgCl_2$ 溶液(100 mL 水约溶解 $HgCl_2$ 5.7 g)，不断搅拌，直至产生的朱红色沉淀不再溶解时，加入 50% (m/V)NaOH 溶液 40 mL，稀释至 100 mL，混匀，静置过夜，取上清液贮存于棕色瓶中。

(4) 10%(m/V)$ZnSO_4$ 溶液。

(5) 10%(m/V)酒石酸钾钠溶液。

(6) 0.5 mol/L NaOH 溶液。

(7) 0.005 mol/L $(NH_4)_2SO_4$ 标准液：准确称取 $(NH_4)_2SO_4$ 0.661 g，水溶后定容至 1 000 mL。

(8) 30%(V/V)乙醇溶液。

【实验步骤】

1. 脲酶的提取

取豆粉 1.0 g，移入 150 mL 三角烧瓶，加 30%乙醇 10 mL，振摇均匀，置 4℃冰箱中过夜，离心或脱脂棉过滤，收集上清液或滤液备用。

2. 标准曲线的制作

取试管 6 支，编号，按下表操作。

试　　　剂	试　管　号					
	1	2	3	4	5	6
$(NH_4)_2SO_4$ 标准液/mL	0	0.1	0.15	0.20	0.25	0.30
蒸馏水/mL	5.8	5.7	5.65	5.60	5.55	5.50
0.5 mol/L NaOH 溶液/mL	0.2	0.2	0.2	0.2	0.2	0.2
10%酒石酸钾钠溶液/mL	0.5	0.5	0.5	0.5	0.5	0.5
奈氏试剂/mL	1.0	1.0	1.0	1.0	1.0	1.0

立即摇匀各管，以 1 号管为空白对照，于波长 460 nm 下测定吸光度值。以 $(NH_4)_2SO_4$ 含量为横坐标，A_{460} 值为纵坐标，绘制标准曲线。

3. 酶促反应速率的测定

(1) 取试管 6 支，编号，按下表顺序操作。

试　　剂	试　管　号					
	1	2	3	4	5	6
脲液浓度/(mol/L)	1/80	1/120	1/160	1/200	1/240	1/240
脲液/mL	0.5	0.5	0.5	0.5	0.5	0.5
pH 7.0磷酸缓冲液/mL	2	2	2	2	2	2
	摇匀试管,置于37℃恒温水浴锅中保温 5 min					
脲酶提取液/mL	0.5	0.5	0.5	0.5	0.5	0
煮沸的脲酶提取液/mL	0	0	0	0	0	0.5
	摇匀试管,置于37℃恒温水浴锅中保温 10 min					
10% ZnSO₄ 溶液/mL	0.5	0.5	0.5	0.5	0.5	0.5
蒸馏水/mL	3	3	3	3	3	3
0.5 mol/L NaOH 溶液/mL	0.5	0.5	0.5	0.5	0.5	0.5
	各管混匀,静置 5 min 后过滤					

（2）另取试管 6 支,编号,与上述各管对应,按下表试剂加入顺序操作。

试　　剂	试　管　号					
	1	2	3	4	5	6
滤液/mL	2	2	2	2	2	2
蒸馏水/mL	4	4	4	4	4	4
10%酒石酸钾钠溶液/mL	0.5	0.5	0.5	0.5	0.5	0.5
0.5 mol/L NaOH 溶液/mL	0.5	0.5	0.5	0.5	0.5	0.5
奈氏试剂/mL	1	1	1	1	1	1
	迅速混匀,以 6 号管为空白对照,测定 A_{460}					
A_{460}						调零

4. 绘制双倒数图,计算脲酶的 K_m 值

根据测得的吸光度值,从标准曲线中查出脲酶作用于不同浓度脲液生成碳酸铵的量。以单位时间碳酸铵生成量的倒数($1/v$)为纵坐标,以对应的脲液浓度的倒数($1/[S]$)为横坐标,作双倒数图,将各坐标点连成的直线反向延长与横轴相交,得$-1/K_m$,即可求出脲酶的 K_m 值。

【要点提示】

1. 本实验所用试剂均应用无氨的蒸馏水配制,实验室环境中也不应有氨。

2. 操作时,每加一种试剂务必摇匀,尤其在 37℃保温后和加入显色液时要迅速摇匀。同时,应控制各管酶反应时间尽量一致。

3. 变性脲酶液,要持续煮沸片刻,确保脲酶完全失活,以防空白对照管读数偏高。所用的各种器皿,特别是试管必须洁净,因为一些重金属离子、硫胺、蛋白质等可影响脲酶的活性。

4. 实验中加入酒石酸钾钠的目的在于防止奈氏试剂浑浊,以利于测定。奈氏试剂腐蚀性强,切勿洒在试管架和实验台面上。加入奈氏试剂一定要快,迅速混匀后马上进行测定。

【思考题】

1. 如何通过双倒数作图法测定脲酶的 K_m 值?

2. 本实验中应如何克服不利因素对测定的影响?

实验 18　过氧化物酶同工酶聚丙烯酰胺凝胶电泳分离及鉴定

【实验目的】

1. 学习过氧化物酶同工酶的分离鉴定方法。

2. 熟练聚丙烯酰胺凝胶圆盘电泳的操作技术。

【实验原理】

同工酶是指催化相同的化学反应,但其蛋白质分子结构、理化性质和免疫性能等方面有所差异的一组酶。同工酶的存在与生物体的代谢调节、细胞分化、个体发育和形态建成等都有密切关系。由于同工酶存在蛋白质结构及理化性质的差异,因此可用电泳或其他方法将它们分离开来。

过氧化物酶(peroxidase,POD)是植物体内普遍存在的、活性较高的一种酶,在细胞代谢的氧化还原过程中起重要作用,是植物体内的保护酶之一,体内许多生理代谢过程常与它的活性及同工酶的种类有关。

聚丙烯酰胺凝胶是电泳分析中应用最广泛的一种支持介质。本实验利用不连续的聚丙烯酰胺凝胶圆盘电泳,采用 Tris-甘氨酸缓冲系统来分离 POD 同工酶。在有 H_2O_2 存在时,POD 能催化联苯胺氧化成蓝色或棕褐色产物。将电泳后的凝胶置于含 H_2O_2 及联苯胺的溶液染色,呈现蓝色或褐色的部位即为 POD 同工酶在凝胶中存在的位置,多条有色酶带即构成 POD 同工酶谱。此过程称为 POD 的活性染色鉴定。

【器材与试剂】

1. 器材

冷冻离心机、离心管、小烧杯、研钵、电泳仪、电泳槽、玻璃管、封口膜、刻度移液管、移液器、长针头注射器、弯头滴管、洗耳球。

新鲜小麦芽。

2. 试剂

(1) 分离胶缓冲液(pH 8.9):取 1 mol/L HCl 48 mL、Tris 36.6 g、TEMED 0.24 mL,混匀。用 HCl 调 pH 至 8.9,加去离子水定容至 100 mL,若浑浊可过滤。

(2) 分离胶贮液:取 Acr30 g、Bis0.8 g,加去离子水溶解后定容至 100 mL,过滤。

(3) 新配制的 0.2%(m/V)过硫酸铵溶液。

(4) 浓缩胶缓冲液(pH 6.7):取 1 mol/L HCl 48 mL、Tris 6.0 g、TEMED 0.48 mL,混匀。用 HCl 调 pH 至 6.7,加去离子水至 100 mL,若浑浊可过滤。

(5) 浓缩胶贮液:取 Acr 10 g、Bis 2.5 g,加去离子溶解后定容至 100 mL,过滤。

(6) 40%(m/V)蔗糖溶液。

(7) 电极缓冲液(pH 8.3):称取 Tris 6.0 g、甘氨酸28.8 g,用适量去离子水溶解,调 pH 至 8.3 后,定容至 1 000 mL。临用时稀释 10 倍。

(8) N,N,N′,N′-四甲基乙二胺(TEMED)。

(9) 蔗糖-溴酚蓝溶液:称取溴酚蓝 50 mg,溶于 20%(m/V)蔗糖溶液至 100 mL。

(10) 联苯胺染色母液:称取联苯胺 1 g,冰醋酸 18 mL,加去离子水 2 mL 溶解,贮于棕色瓶中。

【实验步骤】

1. 准备工作

用封口膜将玻璃管一端仔细包裹 2~3 层(以不漏液体为准)。

2. 分离胶的配制

取 2 个小烧杯,按试剂(1):试剂(2):H_2O:试剂(3)=1:2:1:3 的比例吸取各溶液,其中试剂(1)、(2)、H_2O 置于一个小烧杯中,混合均匀。试剂(3)置于另一烧杯中。将两个小烧杯同时放在真空干燥器中抽气 5~10 min。

合并 2 个小烧杯内的液体,轻轻混匀(勿重新带入空气),先用滴管取少量混合凝胶液沿壁加至玻璃管内并甩几下,使液体置于底部,同时注意观察是否漏胶。然后尽快将其他凝胶液装入,至距上端管口 1.5 cm 处为止。仔细地向胶面加高约 0.5 cm 的水层以隔绝空气,将玻璃管垂直固定。此时可见水与胶层之间有一界线,但很快消失。25~35℃聚合 30~60 min,当水与胶层之间重现清晰界面时,表示凝胶聚合完成。吸去表面的水层。

3. 浓缩胶的配制

取 2 个小烧杯,按试剂(4):试剂(5):试剂(6):试剂(3)=1:1.5:1:4 的比例,分别取试剂(4)、(5)、(6)置于一小烧杯中,混匀。试剂(3)置另一小烧杯中,同时抽气。

将 2 个小烧杯内的液体轻轻混匀,加至分离胶上面 1 cm 高度,仔细地向胶液表面加一层水。25~35℃聚合 20~30 min,聚合后的浓缩胶呈乳白色。

4. POD 的提取

取 8~12 粒刚萌发的小麦芽,置研钵内,加入去离子水(或 0.5 mol/L Tris - HCl 缓冲液,pH 6.8)1 mL,在冰浴上研成匀浆,转入离心管,再用 2 mL 上述溶液冲洗研钵壁并全部转入离心管,4 000 r/min 离心 10 min,上清液即为酶提取液,低温放置备用。

5. 电泳槽安装

向电泳槽下槽加入适量 Tris - 甘氨酸电极缓冲液。剥去玻璃管下端的封口膜,将玻璃管固定在电泳槽上(玻璃管下端应浸没在下槽电极缓冲液中)。向上槽加入少量电极缓冲液观察是否漏液体,用弯头滴管排除玻璃管下端口的气泡。

6. 加样

加样前,仔细吸去浓缩胶表面的水层。每管取酶提取液 50 μL,蔗糖-溴酚蓝溶液 50 μL,混匀,沿管壁加于浓缩胶表面,然后小心地将每支玻璃管加满电极缓冲液。继续加电极缓冲液,至液面高过玻璃管上端口及电泳槽上盖的电极。

7. 电泳

上槽接阴极,下槽接阳极,连接好电泳仪。打开电源,开始电流为 2~3 mA/管,待溴酚蓝进入分离胶时,加大电流至 5 mA/管。当指示剂移至距凝胶下端约 0.5 cm 时,关闭电源,停止电泳。分别回收上、下槽电极缓冲液。

8. 剥胶

取下玻璃管,将装有长针头的注射器内吸满水,沿玻璃管内壁插入针头,同时慢慢地向内注水,不断转动玻璃管。当看到胶条松动时,用洗耳球小心地将胶条推出,装于试管中。

9. 染色

取联苯胺染色母液 0.5 mL、去离子水 9.3 mL、3% H₂O₂ 0.2 mL，混匀后倒入盛有凝胶条的试管（染色液没过胶条）。随时观察胶条上逐渐出现的蓝色或棕褐色环带，即 POD 酶带。约 10 min 后除去染色液，用去离子水冲洗，此时蓝色带也缓慢变成棕褐色。

10. 结果记录与计算

观察、记录同工酶谱，并计算各同工酶带的相对迁移率。

【要点提示】

1. 为防止电泳过程中酶失活，可将电泳槽放至低温处，最好在 4℃ 左右进行电泳，或接通电泳槽水冷却系统。

2. 联苯胺染色液应临用时配制。POD 同工酶活性染色时间不宜过长，当大多数酶带显现蓝色时即可终止染色。

【思考题】

1. 简述 POD 同工酶电泳分离及活性染色的原理与优点。

2. 实验操作中应注意哪些事项？

实验 19　酵母 RNA 的提取与组分鉴定

【实验目的】

1. 学习稀碱法提取 RNA 的原理和操作方法。

2. 掌握 RNA 组分的鉴定方法。

【实验原理】

酵母中含有丰富的 RNA（可达酵母干重的 2.67%～10%），是工业上大规模制备核酸和核苷酸的原料。稀碱法是工业上常用的 RNA 提取方法之一，其原理是用稀碱溶液裂解细胞，使 RNA 释放到碱液中，然后用酸中和，除去蛋白质和菌体后的上清液用乙醇沉淀 RNA 或调 pH 至 2.5，利用等电点沉淀 RNA。

RNA 用 H₂SO₄ 水解时，可以生成磷酸、戊糖和碱基，以下列反应鉴定各种成分。

(1) 嘌呤碱:嘌呤碱与 $AgNO_3$ 能产生白色的嘌呤银化物沉淀。

(2) 核糖:RNA 与浓盐酸共热时,发生降解,形成的核糖继而转变成糠醛,在 Fe^{3+} 或 Cu^{2+} 催化下后者与苔黑酚反应,生成鲜绿色复合物。

(3) 磷酸:用强酸使 RNA 中的有机磷消化成无机磷,后者与定磷试剂中的钼酸铵结合成磷钼酸铵(黄色沉淀),当有还原剂存在时磷钼酸铵立即转变成蓝色的还原产物——钼蓝。

【器材与试剂】

1. 器材

沸水浴锅、量筒、刻度移液管、吸管及滴管、布氏漏斗和抽滤装置、试管、试管夹及试管架、离心机、滤纸、pH 试纸、烧杯、天平、酵母粉。

2. 试剂

(1) 0.2%(m/V)NaOH 溶液。

(2) 95%(V/V)乙醇。

(3) 冰醋酸。

(4) 无水乙醚。

(5) 1.5 mol/L H_2SO_4 溶液。

(6) 浓氨水。

(7) 5%(m/V)$AgNO_3$ 溶液。

(8) 苔黑酚乙醇溶液:称取苔黑酚 6 g,溶解于 95% 乙醇 100 mL(冰箱中可保存 1 个月)。

(9) $FeCl_3$ 的浓盐酸溶液:取 10%(m/V)$FeCl_3$ 溶液 2 mL,与浓盐酸 400 mL 混合。

(10) 定磷试剂

1) 17%(m/V)H_2SO_4 溶液。

2) 2.5%(m/V)钼酸铵溶液。

3) 10%(m/V)抗坏血酸溶液(注意贮藏于棕色瓶中,溶液在冰箱放置可用 1 个月。溶液呈淡黄色时可用,如呈深黄色或棕色则已失效)。

临用时将上述 3 种溶液与水按如下体积比混合(限当天使用):

$$17\% H_2SO_4 : 2.5\% 钼酸铵 : 水 : 10\% 抗坏血酸 = 1 : 1 : 2 : 1$$

【实验步骤】

1. RNA 的粗提取

(1) 取酵母粉 1 g,放入一大试管中,加入 0.2%NaOH 溶液 10 mL,摇匀成悬浮液。

（2）将悬浮液在沸水浴中加热 20 min，冷却至室温，倾入离心管中，3 000 r/min 离心 10 min。

（3）将上清液缓缓倾入含 3 mL 95％乙醇的试管中，注意要一边搅拌一边倾入，用冰醋酸调 pH 至 2.5。静置，待 RNA 沉淀完全后，3 000 r/min 离心 5 min。

（4）弃去上清液，向离心管中加入 95％乙醇 5 mL，振荡摇匀以洗涤沉淀，3 000 r/min 离心 3 min，再弃去上清液，管底部的沉淀即为 RNA 粗制品。

2. 水解 RNA

向上述含有 RNA 沉淀的离心管内加入 1.5 mol/L H_2SO_4 溶液 10 mL，振荡摇匀后转入一大试管中，沸水浴加热 10 min，使 RNA 水解，过滤水解液，滤液用于 RNA 组分的定性鉴定。

3. RNA 组分鉴定

（1）嘌呤碱：取 1 支试管，加入水解液 1 mL，浓氨水 2 mL，混匀后沿管壁慢慢加入 5％的 $AgNO_3$ 溶液 1 mL，勿振荡，静置 5 min，观察是否产生白色絮状嘌呤银化物沉淀。

（2）核糖：取试管 1 支，加入水解液 1 mL，再加入 $FeCl_3$ 的浓盐酸溶液 2 mL 和苔黑酚乙醇溶液 5 滴，在通风橱中沸水浴加热 5 min，观察试管中颜色变化。

（3）磷酸：取试管 1 支，加入水解液 1 mL 和定磷试剂 1 mL，在沸水浴中加热，观察试管中颜色变化。

【要点提示】

1. 用苔黑酚（又名地衣酚，3,5-二羟基甲苯）鉴定戊糖时特异性较差，凡属戊糖均有此反应。甚至某些戊糖持续加热后生成的羟甲基糠醛也能与苔黑酚反应，产生显色复合物。微量 DNA 无影响，在试剂中加入适量 $CuCl_2 \cdot 2H_2O$ 可减少 DNA 的干扰。

2. 用乙醇沉淀 RNA 时，须用酸中和稀碱，可以加冰醋酸至 pH 2.5，也可以直接用酸性乙醇（浓盐酸 1 mL 加入乙醇 100 mL 中）至溶液 pH 为 2.5。

3. 用 $AgNO_3$ 鉴定 RNA 中的嘌呤碱时，除了产生嘌呤银化物沉淀外，还会产生磷酸银沉淀，磷酸银沉淀可溶于氨水，而嘌呤银化物沉淀在浓氨水中溶解度很低，加入浓氨水可消除 PO_4^{3-} 的干扰。

【思考题】

1. 用苔黑酚鉴定 RNA 时加入 Cu^{2+} 或 Fe^{3+} 的目的是什么？

2. 用 $AgNO_3$ 鉴定嘌呤碱时加入浓氨水的目的是什么？

实验 20　动物肝脏 DNA 的提取与检测

【实验目的】

1. 学习基因组 DNA 提取纯化的基本原理和操作。
2. 学习紫外分光光度计法测定核酸含量和纯度的方法。
3. 掌握琼脂糖凝胶电泳的原理及操作。

【实验原理】

生物组织细胞中的 DNA 大部分是与蛋白质结合,以脱氧核糖核蛋白 (deoxyribonucleoprotein,DNP)形式存在,这种复合物在不同浓度的 NaCl 溶液中的溶解度有较大差异。例如,在 0.14 mol/L NaCl 溶液中,DNP 的溶解度很低;而在 1.0 mol/L NaCl 溶液中,DNP 的溶解度较高,约为在纯水中溶解度的 2 倍。因此,利用在不同浓度 NaCl 溶液中 DNP 的溶解度差异这一特性,可以选择性地除去杂质,纯化 DNP。将抽提得到的 DNP 用十二烷基硫酸钠(sodium dodecylsulfate, SDS)处理,使 DNA 与结合蛋白解离,再用氯仿将蛋白质变性除去后,利用乙醇沉淀纯化的 DNA,即可获得白色纤维状的 DNA 粗制品。DNA 粗提物中含有 RNA,可利用 RNA 酶降解去除,获得更纯的 DNA 制品。

利用不同的分析方法可以对纯化的 DNA 进行定性分析、定量分析和分子大小的鉴定。本实验采用二苯胺法定性分析 DNA,其原理是在酸性环境下,二苯胺与 DNA 专一性反应,生产蓝色化合物。

核酸类物质含有嘌呤和嘧啶碱基,这些碱基具有共轭双键,在紫外区 260 nm 处有最大吸收峰。对纯化的 DNA 来说,$A_{260}=1.0$ 时相当于 50 μg/mL 双螺旋 DNA,因此,通过测定纯化的 DNA 的紫外吸收值,可定量 DNA 浓度。

DNA 在碱性溶液中带负电荷,在电场作用下向正极移动。在琼脂糖凝胶中电泳时,由于凝胶具有一定孔径,长度不同的 DNA 分子(片段)因所受凝胶的阻滞作用不同,电迁移的速度则不同,因此利用琼脂糖凝胶电泳可以鉴定 DNA 的分子大小。

【器材与试剂】

1. 器材

玻璃匀浆器、离心机、手术剪、EP 管、微量移液器、恒温水浴锅、恒温箱、紫外分光光度计、微波炉、琼脂糖凝胶电泳槽/仪、紫外反射透射仪、玻棒、无菌牙签、封口膜、新鲜动物(鼠、猪或兔等)肝脏。

2. 试剂

(1) 5 mol/L NaCl 溶液：取 NaCl 292.3 g 溶于蒸馏水,定容至 1 000 mL。

(2) 0.14 mol/L NaCl - 0.15 mol/L EDTA 溶液：取 NaCl 18.18 g、EDTA - Na$_2$ 55.8 g 溶于蒸馏水,定容至 1 000 mL。

(3) 25%(m/V)SDS 溶液：取 SDS 25 g 溶于 45%(V/V)乙醇 100 mL 中。

(4) 氯仿-异丙醇混合液：氯仿：异丙醇=24：1(V/V)。

(5) 70%(V/V)乙醇。

(6) 无水乙醇。

(7) RNA 酶。

(8) 0.5 mol /L 过氯酸溶液：将 70%(m/V)过氯酸 5 mL 用蒸馏水稀释至 110 mL。

(9) 二苯胺试剂：二苯胺 1.5 g 溶于 100 mL 冰醋酸,再加浓 H$_2$SO$_4$ 1.5 mL,贮于棕色瓶(临用时配制)。

(10) λ - DNA / EcoRI 标志物。

(11) GoldView(GV)染料。

(12) 6×DNA 电泳加样缓冲液。

(13) 琼脂糖。

(14) 电极缓冲液(1.0×TAE,pH 8.4)。

(15) TE 缓冲液(10 mmol/L,pH 8.0)。

【实验步骤】

1. DNA 的提取和纯化

(1) 称取新鲜动物肝脏 1 g,剪碎,放入玻璃匀浆器中,在冰浴中剪碎,加入约 2 倍体积冷的 0.14 mol/L NaCl - 0.15 mol/L EDTA 溶液,研磨成匀浆。

(2) 取匀浆液 0.5 mL 于 EP 管中,12 000 r/min 离心 2 min。弃去上清液,收集沉淀(内含 DNP)。加 1 mL 0.14 mol/L NaCl - 0.15 mol/L EDTA 溶液,搅匀(可用黄色 Tip 头搅匀),12 000 r/min 离心 2 min,弃去上清液,收集沉淀。重复本洗涤步骤 2～3 次,保留沉淀。

(3) 向沉淀中加入 0.14 mol/L NaCl - 0.15 mol/L EDTA 溶液 0.5 mL,搅匀。加入 25 %(m/V)的 SDS 溶液 0.1 mL,颠倒 EP 管 2 min(此时沉淀会变清,溶液变得黏稠)。

(4) 加入 5 mol/L NaCl 溶液 0.15 mL,使 NaCl 最终浓度约为 1 mol/L,颠倒 EP 管 5 min。

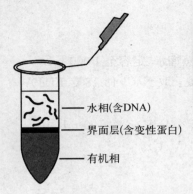

图 1-19　氯仿去除蛋白质且离心分层结果模拟图

水相(含DNA)
界面层(含变性蛋白)
有机相

(5) 加入氯仿-异丙醇混合液 0.75 mL,轻轻地反复翻转 EP 管 2 min,12 000 r/min 离心 2 min。离心后上层为水相(含 DNA),界面层为变性的蛋白质沉淀,下层为氯仿混合液(图 1-19)。

(6) 吸取上层水相至新 EP 管中,弃去沉淀。用氯仿-异丙醇混合液重复抽提 2~3 次。取上清液备用。

(7) 向上清液中加入 2 倍体积无水乙醇,轻轻地反复翻转 EP 管,待出现丝状沉淀后,倒置 EP 管片刻,用无菌牙签挑出成团的 DNA 沉淀,放入已加 500 μL 70%乙醇的 EP 管中,轻轻转动 EP 管洗涤沉淀,倒出上清液,5 000 r/min 离心 1 min,除尽乙醇,即获得纯化的 DNA。

(8) 将 DNA 溶于约 200 μL TE 缓冲液(或无菌水)中,用移液器轻轻吹打溶解 DNA。加 2 μL RNA 酶于 37℃温育 1 h,消化 RNA。

2. 二苯胺法鉴定 DNA

(1) 将除净 RNA 的 DNA 溶液 2 000 r/min 离心 1 min。

(2) 取 20 μL DNA 溶液,加去离子水 2 mL、0.5 mol /L 过氯酸溶液 5 mL,室温放置 5 min,加二苯胺试剂 2 mL,混匀后于 60℃水浴保温 1 h,生成蓝色化合物。

3. 检测提取的 DNA 含量

取 30 μL DNA 溶液,加去离子水 3 mL(稀释 100 倍),以去离子水做对照,用紫外分光光度计分别测定 A_{260} 与 A_{280},并做如下计算:

$$DNA 浓度 (\mu g/mL) = A_{260} \times 50 \times (3 \div V)$$

DNA 纯品的浓度按 $A_{260} = 1$ 相当于 50 μg/mL DNA 计算;公式中的 V 代表从纯化后的 DNA 溶液中吸取的体积(mL),加入 3 mL 去离子水中,用于分光光度分析。本实验 $V = 30$ μL $= 0.03$ mL 。

DNA 纯度指标:计算 A_{260}/A_{280} 值,根据此比值判断 DNA 样品的纯度(高纯度的 DNA 的 $A_{260}/A_{280} \approx 1.8$)。

4. DNA 的琼脂糖凝胶电泳分析

(1) 称取琼脂糖 0.4 g,量取电泳缓冲液 40 mL 置于 100 mL 三角瓶中,混匀,微波炉反复加热,熔化至透明。待温度降至约 60℃时,加入 GV 染料溶液 3 μL,混匀,迅速倒入电泳槽制胶板并插入梳子。待琼脂糖完全冷却凝固(约 30 min)后,拔出梳子。

(2) 将凝胶连同制胶板放入电泳槽,样品孔穴在阴极端。向电泳槽中补充适量电极缓冲液（缓冲液没过凝胶 1～2 mm）。

（3）点样：取 3 μL DNA 溶液于封口膜上，加 2 μL 上样缓冲液，再加 5 μL 水，混合均匀，全部加到样品孔穴中。每块凝胶加一个 λ - DNA 标志物（6 μL）作为标准参照。

（4）电泳：盖上电泳槽盖，正确连接电极。开启电源，调电压至 100 V，电泳 30 min。

（5）结果观察：电泳完毕，切断电源。戴手套取出凝胶板，沥净液体后，将凝胶置紫外反射透射仪中观察 DNA 区带，鉴定其纯度和完整度，并拍照。

【要点提示】

1. DNA 主要集中在细胞核中，因此，通常选用细胞核所占比例大的生物组织作为提取制备 DNA 的材料。小牛胸腺组织中细胞核所占比例较大，DNA 含量丰富，同时其 DNA 酶活性较低，是制备 DNA 的良好材料，但其来源较困难。脾脏或肝脏较易获得，因此本实验用新鲜肝脏作为实验材料。

2. 为了防止大分子核酸在提取过程中被降解，整个过程须在低温下进行，同时加入 EDTA 和 SDS，抑制 DNA 酶的活性。

3. DNA 为丝状物质，提取过程中要避免剧烈振荡。

4. 用紫外分光光度计检测 DNA 时，需要使用石英比色皿，并且一定要用 TE 缓冲液或纯水调零。高纯度 DNA 的 $A_{260}/A_{280} \approx 1.8$，如果比值接近 2.0，可能有 RNA 污染，如果比值约 1.6，可能有蛋白质污染。

5. 制备琼脂糖凝胶时，插入梳子时的温度不能过高，以免引起梳子变形。

【思考题】

1. 在 DNA 提取过程中应如何避免大分子 DNA 的降解？

2. 核酸提取中，除去杂蛋白的方法主要有哪几种？

实验 21 RNA 定量测定——改良苔黑酚法

【实验目的】

学习用定糖法测定 RNA 含量的原理与方法。

【实验原理】

RNA 与浓盐酸共热时,降解生成嘧啶核苷酸、嘌呤碱及核糖。核糖在浓酸中脱水环化成糠醛,后者与苔黑酚(3,5-二羟基甲苯)作用呈蓝绿色,在 670 nm 有最大吸收峰(反应方程式见图 1-20)。该法用 Cu^{2+} 代替苔黑酚法中的 Fe^{3+},故称为改良苔黑酚法。Cu^{2+} 还可减少 DNA 的干扰,使测定灵敏度提高 1 倍以上。在 $20\sim250$ μg 范围内,A_{670} 值与 RNA 的浓度成正比。

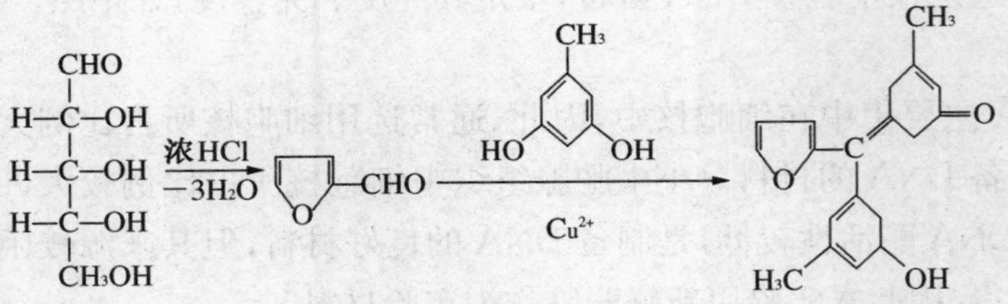

图 1-20　RNA 定量测定——改良苔黑酚法反应方程式

样品中少量 DNA 的存在对测定无干扰,蛋白质、黏多糖则会干扰测定。由于测糖法只能测定 RNA 中与嘌呤连接的糖,而不同来源的 RNA 含的嘌呤、嘧啶的比例各不相同,因此用所测得的核糖量来换算各 RNA 含量是不正确的。最好用与被测物相同来源的纯化 RNA 制作标准曲线,然后通过此曲线查出被测 RNA 的含量。

【器材与试剂】

1. 器材

试管、刻度移液管、移液器、水浴锅、可见光分光光度计、分析天平。

2. 试剂

(1) 待测 RNA 样品:用 1 mmol/L NaOH 溶液将待测 RNA 配成 $30\sim50$ μg/mL 的溶液。

(2) RNA 标准溶液:取酵母 RNA 配成 50 μg/mL 的溶液。

(3) 苔黑酚铜离子试剂

1) 苔黑酚贮备液:取苔黑酚 5 g,溶于 10 mL 95%(V/V)乙醇中,溶液呈深红色。

2) 铜离子溶液:取 $CuCl_2 \cdot 2H_2O$ 0.75 g,溶于 500 mL 12 mol/L HCl 中,溶液呈深黄色。

使用前,取苔黑酚贮备液 2 mL,加铜离子溶液 100 mL,混匀。

【实验步骤】

1. 标准曲线的制作

取试管 7 支,按下表操作。

试　　剂	试　管　编　号						
	1	2	3	4	5	6	7
RNA 标准溶液/mL	0.0	0.2	0.4	0.8	1.2	1.6	2.0
RNA/μg	0	10	20	40	60	80	100
水/mL	2	1.8	1.6	1.2	0.8	0.4	0
苔黑酚铜离子试剂/mL	2	2	2	2	2	2	2
	100℃水浴保温 35 min,流动水冷却						
A_{670}	调零						

以 A_{670} 为纵坐标,RNA 含量(μg)为横坐标,制作标准曲线。

2. 样品中 RNA 含量的测定

取试管 4 支,按下表操作。

试　　剂	试　管　编　号			
	1	2	3	4
样品溶液/mL	0	2	2	2
水/mL	2	0	0	0
苔黑酚铜离子试剂/mL	2	2	2	2
	100℃水浴保温 35 min,流动水冷却			
A_{670}	调零			
RNA 含量/μg				
平均 RNA 的量/μg				

显色反应液在 670 nm 波长下测定吸光度,在标准曲线上找出相应的 RNA 含量。

3. 结果计算

样品中 RNA 含量可以下式计算。

$$\omega(\text{RNA}) = \frac{y \times N}{2 \times m \times 10^3} \times 100\%$$

式中:y 为样品测得 A_{670} 值在标准曲线上查得的 RNA 含量(μg);

　　　N 为所测样品稀释倍数;

　　　m 为样品重(mg);

　　　2 为测定时取 2 mL 样品溶液。

【要点提示】

1. 要保证反应温度和时间,使反应充分。

2. 待测样品溶液的吸光度应在 0.2～0.8 范围内,超出此范围,应调整样品稀释倍数,以减小误差。

3. 样品测定时需与制作标准曲线使用同一批试剂、同一台分光光度计。

4. 用以制作标准曲线的 RNA 应尽可能与待测 RNA 样品来源相同。

【思考题】

1. 改良苔黑酚法为什么能够提高 RNA 测定的灵敏度?

2. 为使实验结果重复性好,在操作中应注意哪些关键步骤?

实验 22　核酸的定量测定——紫外分光光度法

【实验目的】

1. 学习紫外分光光度法测定核酸的原理与操作方法。

2. 熟悉紫外分光光度计的基本原理和使用方法。

【实验原理】

核酸的定量测定方法很多,常见的有定磷法、紫外分光光度法、微量电泳法及荧光光度法等,本实验用紫外分光光度法定量测定核酸。

核酸、核苷酸及核苷的组成成分中均含有嘌呤、嘧啶,这些碱基都具有共轭双键,因而它们都有吸收紫外光的特性,能吸收 250～290 nm 波段的紫外光,最大吸收峰在 260 nm 波长处。利用紫外分光光度法定量测定核酸时,通常规定:在 260 nm 波长下,每毫升含 1 μg DNA 溶液的 A_{260} 为 0.020,而每毫升含 1 μg RNA 溶液的 A_{260} 为 0.022。故测定被测样品的 A_{260},即可计算出其中核酸的含量。该法操作简便、迅速、灵敏度高(可达 3 μg /mL)。

利用紫外分光光度法还可以定性地鉴定核酸的纯度。测出样品的 A_{260} 与 A_{280},从 A_{260}/A_{280} 的比值即可判断样品的纯度。纯 DNA 的 A_{260}/A_{280} 应约为 1.8,纯 RNA 的 A_{260}/A_{280} 应达到 2.0。

对于含有微量蛋白质和核苷酸等吸收紫外光物质的核酸样品,测定误差较小,因为蛋白质在 260 nm 的光吸收值仅为核酸的 1/10 或更低。但若样品内混杂有大量上述物质,则测定误差较大,应设法事先除去杂质。

【器材与试剂】

1. 器材

分析天平、紫外-可见光分光光度计、离心机及离心管、冰箱或冰浴、容量瓶、移液管、石英比色杯。

2. 试剂

(1) DNA 样品溶液。

(2) RNA 样品溶液。

(3) 5%~6%(m/V)氨水:将 25%~30%(m/V)浓氨水稀释 5 倍。

(4) 核酸沉淀剂:0.25%(m/V)钼酸铵- 2.5%(m/V)高氯酸试剂。取 70%(m/V)高氯酸 3.5 mL,移入 96.5 mL 蒸馏水的容器中,混匀,再加入钼酸铵 0.25 g,使其全部溶解。

【实验步骤】

1. RNA 的定量测定

(1) 取离心管 2 支,甲管内加入 RNA 样品溶液 2 mL 和蒸馏水 2 mL;乙管内加入 RNA 样品溶液 2 mL 和沉淀剂 2 mL(沉淀除去大分子核酸,作为对照)。混匀,在冰浴(或冰箱)中放置 30 min,3 000 r/min 离心 10 min。从甲、乙两管中分别吸取上清液 0.5 mL,移入相同编号的 50 mL 容量瓶中,加蒸馏水至 50 mL,充分混匀。

(2) 选用光程为 1 cm 的石英比色杯,以蒸馏水作空白对照,测定甲、乙两管的 A_{260} 值及甲管的 A_{280} 值。

(3) 计算样品中 RNA 含量:

$$\text{RNA}(\mu g/mL) = \frac{A_{260甲} - A_{260乙}}{0.022} \times n$$

式中,n 为样品稀释倍数。

样品纯度可由 A_{260}/A_{280} 比值进行判断。

2. DNA 的定量测定

(1) 取离心管 2 支,甲管内加入 DNA 样品溶液 2 mL 和蒸馏水 2 mL;乙管内加入 DNA 样品溶液 2 mL 和沉淀剂 2 mL(沉淀除去大分子核酸,作为对照)。混匀,在冰浴(或冰箱)中放置 30 min,3 000 r/min 离心 10 min。从甲、乙两管中分别吸取上清液 0.5 mL,移入相同编号的 50 mL 容量瓶中,加蒸馏水至 50 mL,充分混匀。

(2) 选用光程为 1 cm 的石英比色杯,以蒸馏水作空白对照,测定甲、乙两管的 A_{260} 值及甲管的 A_{280} 值。

(3) 计算样品中 DNA 含量:

$$\mathrm{DNA}(\mu g/mL)=\frac{A_{260甲}-A_{260乙}}{0.020}\times n$$

式中,n 为样品稀释倍数。

DNA 样品的纯度可根据 A_{260}/A_{280} 比值进行判断。

【要点提示】

1. 若样品为固体,准确称取待测的核酸样品 0.5 g,加少量蒸馏水(或去离子水)调成糊状,再加适量的水稀释,然后用 5%~6%氨水调至 pH 7 助溶,定容至 50 mL。氨水助溶时要逐滴加入,随加随混匀,避免局部过碱引起 RNA 降解。

2. 如果待测的 RNA 样品中含有酸溶性的核苷酸或可透析的低聚多核苷酸,则需加沉淀剂,若样品为纯品则可将样品配成一定浓度在紫外分光光度计上直接测量。

3. 由于降解或水解作用,核酸的吸光系数可以增高约 40%,即增色效应。在大分子的核酸中,氢键和 π 键相互作用改变了碱基的共振行为。因此,核酸的吸光系数低于构成它的核苷酸的吸光系数,该现象称为减色效应。

4. RNA 稀释或溶解最好用无菌双蒸水或是用焦碳酸二乙酯(diethyl pyrocarbonate,DEPC)处理的水,以防止 RNA 降解。DEPC 是一种十分有效的不可逆 RNA 酶抑制剂。

5. DNA 稀释或溶解最好用无菌双蒸水。如果 DNA 中含有酸溶性核苷酸类物质,也需要加入沉淀剂进行对比测定。

【思考题】

1. 紫外分光光度法测定核酸样品的含量有何优点及缺点?

2. 若样品中含有非核酸杂质,如何排除干扰? 你认为最简便的方法是什么?

实验 23　　乙酸纤维素薄膜电泳分离核苷酸

【实验目的】

1. 学习 RNA 碱水解的原理和方法。

2. 掌握核糖核苷酸的乙酸纤维素薄膜电泳的原理和方法。

【实验原理】

乙酸纤维素薄膜电泳是采用乙酸纤维素薄膜作为电泳支持物的电泳方法。乙酸纤维素薄膜由二乙酸纤维素制成，它具有均一的泡沫样结构，厚度为 120 μm，经溶液浸润后表现出较强的柔韧性和张力，具有良好的通透性，分子移动阻力较小，几乎所有的生物活性物质均能据此通过电泳而得以分离。由于该电泳方法具有简便、快速、样品用量少、应用范围广、分离清晰、没有吸附现象等优点，目前已成为一种常规电泳技术，并广泛用于血清蛋白、血红蛋白、脂蛋白、糖蛋白、同工酶、类固醇类激素等生物样品的分离。

RNA 在稀碱条件下水解，先形成中间产物 $2',3'$-环状核苷酸，进一步水解得到 $2'$-和$3'$-核苷酸的混合物。

在 pH 为 3.5 时，各核苷酸的第 1 磷酸基（pK 为 0.7～1.0）完全解离，第 2 磷酸基（pK 为 6.0）和烯醇基（pK 为 9.5 以上）不解离，而含氮环的解离度差别很大（见下表）。因此在 pH 为 3.5 的条件下进行电泳可将 4 种核苷酸分开。

核苷酸	含氮环的 pK 值	离子化程度	净负电荷
AMP	3.70	0.54	0.46
GMP	2.30	0.05	0.95
CMP	4.24	0.84	0.16
UMP	—	—	1.00

本实验先用稀 KOH 溶液将 RNA 水解，再加 $HClO_4$ 将水解液 pH 调至3.5，同时生成 $KClO_4$ 沉淀以除去 K^+。然后用电泳法分离水解液中各核苷酸，并在紫外分析灯下确定 RNA 碱水解液的电泳图谱。

【器材与试剂】

1. 器材

恒温水浴锅、紫外分析灯（254 nm）、点样器、白磁反应板、电泳仪、纱布或滤纸、离心机、锥形瓶、烧杯、镊子、铅笔及直尺、乙酸纤维素薄膜（2 cm×8 cm）。

2. 试剂

（1）0.3 mol/L KOH 溶液。

（2）200 g/L $HClO_4$ 溶液。

（3）RNA（白色粉末）。

(4) 0.02 mol/L 柠檬酸缓冲液(pH 3.5)。

【实验步骤】

1. RNA 碱水解

(1) 称取 RNA 0.2 g,溶于 5 mL 0.3 mol/L KOH 溶液中,使 RNA 的浓度达到 20～30 mg/mL。

(2) 在 37℃下保温 18 h(或沸水浴 30 min),然后将水解液转移到锥形瓶内。

(3) 在冰浴中用 $HClO_4$ 溶液调节水解液的 pH 至 3.5。

(4) 2 000 r/min 离心 10 min,除去沉淀,上清液即为样品液。

2. 点样

(1) 将乙酸纤维素薄膜放在盛有 0.02 mol/L 柠檬酸缓冲液(pH 3.5)的烧杯中浸润。

(2) 浸湿后,用镊子取出乙酸纤维素薄膜,用滤纸吸去多余的缓冲液。

(3) 将膜条平铺在玻璃板上(注意:膜条的无光泽面朝上),用点样器蘸取白磁反应板内的样品液,在距膜条一端 1.5～2 cm 处点样。

3. 电泳

(1) 将点好样品的薄膜小心地放入电泳槽内,注意点样的一端靠近阴极。两端用纱布或滤纸做引桥。

(2) 调节电压至 160 V,电流强度为 0.4 mA/cm,电泳 25～30 min。

4. 观察

(1) 电泳后,将膜条放在滤纸上,于紫外分析灯下观察,用铅笔将吸收紫外光的暗斑圈出。

(2) 在记录本上绘出 RNA 水解液的乙酸纤维素薄膜电泳图谱,并根据表中的数据分析确定各斑点代表哪种核苷酸。

【要点提示】

1. 乙酸纤维素薄膜放在 0.02 mol/L 柠檬酸缓冲液中浸润时,一定要全部浸湿,否则影响实验结果。

2. 在乙酸纤维素薄膜无光泽面(即粗糙面)点样,电泳时,粗糙面朝上放置,且膜条点样端靠近阴极,但点样点不要与滤纸或纱布接触。

3. 使用紫外分析灯时,应戴上防护眼罩。

【思考题】

1. 乙酸纤维素薄膜电泳法分离核糖核苷酸的原理是什么?

2. 你认为保证本实验获得理想结果的关键因素有哪些?

实验 24　NanoDrop 分析 DNA 增色效应

【实验目的】

学习 NanoDrop 超微量分光光度计(简称 NanoDrop)的工作原理和使用方法，验证 DNA 增色效应的理论知识。

【实验原理】

增色效应（hyperchromicity）是指可吸收光的分子因结构改变而使摩尔吸光系数增大的现象。双螺旋 DNA 解链成单链，导致摩尔吸光系数增加是典型的增色效应。DNA 的紫外吸收源于杂环化合物嘌呤和嘧啶中共轭电子的跃迁。双螺旋 DNA 中的碱基平行有序地排列，形成碱基堆积效应（stacking effect），即由于碱基中共轭电子云密度非均匀分布，导致碱基间电子云弥散性地瞬时互作，这种互作制约了电子跃迁，降低了碱基的紫外吸光度。当 DNA 双螺旋解链后，碱基堆积效应消失，碱基中的电子跃迁增强，碱基的紫外吸光度也相应加强，呈现增色效应。导致 DNA 双螺旋解链的因素很多，例如，当温度高于 80℃ 时，DNA 发生解链，DNA 在 260 nm 处的光吸收值上升约 40%。又如，当溶液中含有破坏氢键的化学物质，如强碱、二甲亚砜（dimethyl sulfoxide，DMSO）和甲醛等，DNA 双螺旋被解链，导致增色效应。本实验用化学试剂 DMSO，外加高温方法，破坏 DNA 双螺旋，利用 NanoDrop 分析增色效应。

诸多生物学实验在微升级别下进行，实验产物十分珍贵，当必须使用分光光度计时，为了节省珍贵的生物样品，过去多采用微量比色皿。微量比色皿的液体光径一般是 1 cm，样品的最低用量仍然达几十微升，对分子生物学实验来说，样品消耗仍然偏多。针对这一问题，超微量的 NanoDrop 分光光度计应运而生。通俗地讲，NanoDrop 是集成高能氙灯、光纤技术、高灵敏电荷耦合器件（charge-coupled device，CCD）检测器和计算机程序等现代科技的一种超微量分光光度计。

NanoDrop 利用液体表面张力在上下基座间形成一定长度（一般 ≤1 mm）的样品液体柱，光纤引导入射光从上基座射入，穿过液体柱，然后进入下基座，照射到 CCD 检测器上，计算机根据 CCD 检测到的光电信号进行程序运算并输出测定结果（图 1 - 21）。NanoDrop 上下基座间距是可以自动调节的，NanoDrop 根据检测到的样品吸光度,自动优化调整基座间距,即调整液体柱高度(样品光径),使NanoDrop 检测到的光电信号值在最合理的数值区间,这样可以显著地减少仪器读数误差导致的测定误差,因此 NanoDrop 可准确地测试不同浓度样品,特别是高浓度样品。由于吸光液体柱很短,且使用极细的入射光束,NanoDrop 最低可检测1 μL 的生物样品,因此 NanoDrop 可以看成是可调节测试样品光径的超微量版分光光度计。根据 NanoDrop 测得的样品吸光度、测定时的样品光径和已知样品的比吸收系数,依据 Lambert - Beer 定律,NanoDrop 关联的计算机立即输出样品浓度,非常快捷。由于 NanoDrop 具备诸多优点,已成为现代生物分析的主流分光光度计。

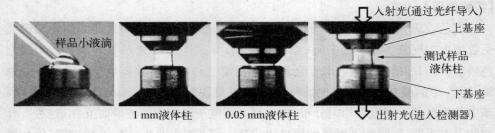

图 1 - 21　NanoDrop 的工作原理

【器材与试剂】

1. 器材

NanoDrop 仪、移液器、EP 管、恒温水浴锅、制冰机。

2. 试剂

(1) 纯化的质粒(建议浓度为 200～1 000 μg/mL)。

(2) DMSO 溶液。

【实验步骤】

1. 系列浓度的 DMSO 溶液配制

取 EP 管 6 支并编号,按下表加入试剂。

试　　剂	EP 管编号					
	1D	2D	3D	1H	2H	3H
质粒溶液 /μL	10	10	10	10	10	10
去离子水 /μL	10	5	0	10	5	0
DMSO 溶液 /μL	0	5	10	0	5	10
质粒变性溶液中 DMSO 终浓度 (V/V)/ %	0	25	50	0	25	50

配制完成后,混匀。将编号 1H、2H、3H 的样品在 95℃ 水浴中加热 2 min,然后置冰浴中速冷,备用;编号 1D、2D、3D 的样品可直接使用 NanoDrop 分析。

2. 使用 NanoDrop 分析增色效应

(1) 以蒸馏水对照,分析样品 1D 和 1H。

(2) 以 25% (V/V) 的 DMSO 溶液为对照,分析样品 2D 和 2H。

(3) 以 50% (V/V) 的 DMSO 溶液为对照,分析样品 3D 和 3H。

(4) 分别读取 260 nm 处的吸光度值。

(5) 增色效应计算:A 的角标对应上表中样品的编号。

高温处理后的 DNA 增色效应 $= A_{(1H)} - A_{(1D)}$

25% DMSO 处理后的 DNA 增色效应 $= A_{(2D)} - A_{(1D)}$

50% DMSO 处理后的 DNA 增色效应 $= A_{(3D)} - A_{(1D)}$

25% DMSO + 高温处理后的 DNA 增色效应 $= A_{(2H)} - A_{(1D)}$

50% DMSO + 高温处理后的 DNA 增色效应 $= A_{(3H)} - A_{(1D)}$

(6) 分析数据。

【要点提示】

1. 本实验使用 10 μL 质粒配制反应体系,是为了减少移液器使用误差。实际操作过程中,可根据实验用移液器的质量和精度,等比例压缩质粒使用量。

2. 试剂盒提取的质粒可以满足本实验要求。

3. 可以合成 olig dA 和 olig dT(建议均为 25 个碱基,以 PCR 引物方式合成),按照 100 倍 PCR 工作浓度稀释合成的 olig dA 和 olig dT 干粉,将等摩尔 olig dA 和 olig dT 寡核苷酸混合,通过沸水浴变性 10 min,然后关闭水浴电源,缓慢降温,即可退火形成短小的 DNA 双链,这种短小 DNA 可以替代质粒作为实验材料分析增色效应。

4. 核酸吸光度与含量的换算。

双链 DNA:$A_{260} = 1$ 相当于 50 μg/mL 溶液。

单链 DNA:$A_{260} = 1$ 相当于 33 μg/mL 溶液。

RNA:$A_{260} = 1$ 相当于 40 μg/mL 溶液。

5. Lambert - Beer 定律数学表达式为:$A = \lg(1/T) = \lg(I_t/I_o) = \varepsilon l c$。其中,$A$ 为吸光度;T 为透射率,即出射光强度 (I_t) 除以入射光强度 (I_o);ε 为摩尔吸光系数,是指物质浓度为 1 mol/L 时的吸光系数,它与吸光物质的性质及入射光的波长 λ 有关;l 为液体样品吸收层厚度(样品光径),单位为 cm;c 为吸光物质的浓度,单位为 mol/L。DNA、RNA 和蛋白质标准样品的 ε 是固定值,测试时液体柱厚度 l 是固定值,因此 NanoDrop 可以根据样品性质,设定 ε 值,仪器可以直接输出测试样品的浓度。

6. 由于分光光度计检测的是出射光 I_t 和入射光 I_0 产生的电信号比值,根据误差理论,I_t 值过高或过低,仪器固有的电信号噪音误差会导致较大结果误差,吸光度 A 值在 0.2~0.8 之间为最佳测试区间,因此普通分光光度计不适合分析高浓度样品。但 NanoDrop 可以根据样品的吸光度,自动调整上下基座距离,使实测吸光度值落在 0.2~0.8 之间,故 NanoDrop 可精确测试的样品浓度范围更大。

7. 在没有 NanoDrop 仪器的情况下,可使用石英微量比色皿,利用紫外分光光度计完成本实验,但需要调整质粒浓度,使其吸收值(A 值)在 0.2~0.8 之间,以保证测试精度。

【思考题】

1. RNA 有增色效应吗? 与 DNA 的增色效应相比,有何不同?
2. 分析 DMSO 处理与 DMSO+高温处理的 DNA 增色差别的原因。

实验 25　维生素 C 的定量测定——2,6-二氯酚靛酚滴定法

【实验目的】

1. 学习定量测定维生素 C 的原理及方法。
2. 掌握微量滴定法的操作技术。

【实验原理】

维生素 C 是人体所需的重要维生素,缺乏时会导致坏血病,因此,又称为抗坏血酸。它对物质代谢的调节具有重要作用,近年来发现它还能增强机体对肿瘤的抵抗力,并具有对化学致癌物的阻断作用。

维生素 C 是具有 L-糖构型的不饱和多羟基化合物,属于水溶性维生素。它分布很广,植物的绿色部分及许多水果中含量都很丰富。

维生素 C 具有很强的还原性,在碱性溶液中加热并有氧化剂存在时,维生素 C 易被氧化而破坏。在中性和微酸性环境中,维生素 C 能将染料 2,6-二氯酚靛酚还原成无色的还原型 2,6-二氯酚靛酚,同时维生素 C 被氧化成脱氢维生素 C。氧化

型2,6-二氯酚靛酚在酸性溶液中呈现红色,在中性或碱性溶液中呈蓝色。当用2,6-二氯酚靛酚滴定含有维生素C的酸性溶液时,在维生素C尚未全被氧化时,滴下的2,6-二氯酚靛酚立即被还原成无色。但当溶液中的维生素C刚好全部被氧化时,滴下的2,6-二氯酚靛酚立即使溶液呈红色。所以,当溶液由无色变为微红色时即表示溶液中的维生素C刚好全部被氧化,此时即为滴定终点。从滴定时2,6-二氯酚靛酚溶液的消耗量,可以计算出被检物质中还原型维生素C的含量。其化学反应式如图1-22所示。

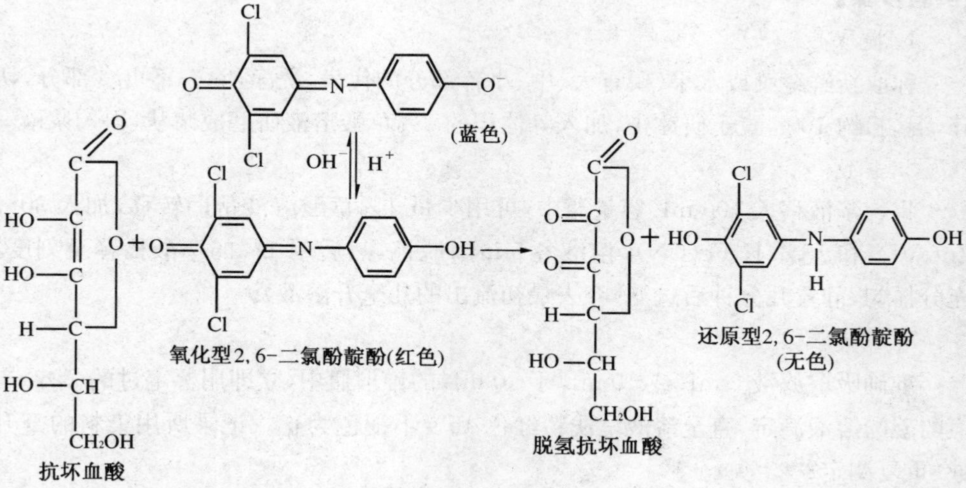

图1-22　维生素C与2,6-二酚靛酚的反应

【器材与试剂】

1. 器材

研钵、天平、容量瓶(100 mL)、量筒、刻度移液管、锥形瓶(50 mL)、玻棒、微量滴定管、漏斗、滤纸、纱布、新鲜蔬菜或新鲜水果。

2. 试剂

(1) 1%(m/V)草酸溶液。

(2) 2%(m/V)草酸溶液。

(3) 30%(m/V)Zn(Ac)$_2$溶液。

(4) 15%(m/V)K$_4$Fe(CN)$_6$溶液。

(5) 标准维生素C溶液:准确称取纯维生素C粉状结晶20 mg,溶于适量1%(m/V)草酸溶液,定容至100 mL。使用时从中取10 mL稀释至100 mL,即得0.02 mg/mL的维生素C溶液。

(6) 0.02%(m/V)2,6-二氯酚靛酚溶液：溶解2,6-二氯酚靛酚50 mg于含有NaHCO₃ 52 mg的约200 mL热水中,冷却后定容至250 mL,过滤,装于棕色瓶中,放入冰箱保存。使用时用维生素C标准液标定其浓度。

标定方法：取维生素C标准液5 mL及1%草酸溶液5 mL于50 mL的锥形瓶中,用配制好的2,6-二氯酚靛酚溶液于微量滴定管中滴定至粉红色出现,并保持15 s不褪色,即滴定终点,此时所用染料的体积相当于维生素C 0.1 mg,由此可求出每毫升2,6-二氯酚靛酚溶液相当于维生素C的毫克数。

【实验步骤】

1. 提取

称取新鲜蔬菜或水果(要有大、中、小各部分的代表,洗净,除去不可食部分,切碎,混匀)约10 g,置于研钵中,加入等体积的2%草酸溶液研磨成浆状,得匀浆液。

2. 脱色

将匀浆液移入100 mL容量瓶中,可用少量1%草酸溶液帮助转移,加入30% Zn(AC)₂和15% K₄Fe(CN)₆溶液各5 mL,脱色,然后用1%的草酸稀释至刻度,充分摇匀,静置几分钟后过滤(弃去最初流出的几毫升溶液)。

3. 滴定

准确吸取滤液5 mL或10 mL于50 mL的锥形瓶中,立即用标定过的2,6-二氯酚靛酚溶液滴定,直至溶液呈浅粉红色15 s不褪色为止。记录所用染料的毫升数(重复测定2~3次)。

4. 计算

$$维生素C含量(mg/100 g样品)=(VT/W)\times 100 g$$

式中,V为滴定样品所耗用的染料的平均体积,以 mL 为单位；

T为1 mL染料相当于维生素C的质量,以 mg/mL 为单位；

W为滴定时所用样品稀释液中含样品的质量,以 g 为单位。

【要点提示】

1. 在生物组织和组织提取液中,维生素C还能以脱氢维生素C及结合维生素C的形式存在,它们同样具有维生素C的生理作用,但不能将2,6-二氯酚靛酚还原脱色。

2. 整个滴定过程要迅速,防止还原型的维生素C被氧化。滴定过程一般不超过2 min。滴定所用的染料不应少于1 mL或多于4 mL,若滴定结果不在此范围,则必须增减样品量或将提取液稀释。

3. 本实验必须在酸性条件下进行,在此条件下,干扰物反应进行得很慢。

4. 2%草酸有抑制抗坏血酶的作用,而1%的草酸无此作用。

5. 提取液中尚含有其他还原性的物质,均可与2,6-二氯酚靛酚反应,但反应速度均较维生素C慢。因此,滴定开始时,染料要迅速加入,而后尽可能一滴一滴地加入,并要不断地摇动锥形瓶直至呈粉红色15 s不褪色为终点。

6. 提取液中色素很多时,滴定时不易看出颜色变化,须脱色,可用白陶土、30% $Zn(Ac)_2$ 和 15% $K_4Fe(CN)_6$ 溶液等。若色素不多,可不脱色,直接滴定。

【思考题】

为了准确测定维生素C的含量,实验过程中应注意哪些操作步骤?为什么?

实验26 还原糖含量的测定
——3,5-二硝基水杨酸(DNS)比色法

【实验目的】

1. 学习测定还原糖含量的基本原理和操作方法

2. 掌握分光光度计的使用。

【实验原理】

还原糖是指含有游离羰基的糖类,单糖都是还原糖,部分双糖和多糖也是还原糖。植物材料含有大量糖,可将样品中的单糖、双糖和多糖分别提取出来,没有还原性的双糖和多糖,可用酸水解法使其降解成有还原性的单糖进行测定。在碱性条件下,还原糖与3,5-二硝基水杨酸加热反应后,还原糖被氧化成糖酸,3,5-二硝基水杨酸则被还原为棕红色的3-氨基-5-硝基水杨酸(图1-23)。在一定浓度范围内,还原糖的含量与棕红色的深浅呈线性关系。利用分光光度计,在540 nm波长下测定吸光度,根据标准曲线,可计算出还原糖的含量。

COOH OH O_2N NO_2 + 还原糖 $\xrightarrow{\text{加热}}$ COOH OH O_2N NH_2 +糖酸

3,5-二硝基水杨酸(黄色)　　　　3-氨基-5-硝基水杨酸(棕红色)

图1-23 还原糖与3,5-二硝基水杨酸试剂的反应

【器材与试剂】

1. 器材

小麦面粉、25 mL 刻度试管、试管架和试管夹、移液管(或移液器)、可见光分光光度计、沸水浴锅。

2. 试剂

(1) 标准葡萄糖溶液(1 mg/mL):称取葡萄糖 100 mg,用少量去离子水溶解后,移入 100 mL 容量瓶中,定容至刻度。

(2) 3,5-二硝基水杨酸试剂:称取 3,5-二硝基水杨酸 1 g,溶于 20 mL 2 mol/L NaOH 溶液和 20 mL 水中。另取酒石酸钾钠 30 g,溶于 30 mL 水中,溶解后与上液混合(此时溶液会出现黏稠),继续搅拌,至完全溶解,定容至 100 mL,过滤备用。

【实验步骤】

1. 标准曲线制作

取干净刻度试管 7 支,编号,按下表加入试剂。

试　　　剂	试　管　编　号						
	1	2	3	4	5	6	7
葡萄糖标准液/mL	0	0.2	0.4	0.6	0.8	1.0	1.2
去离子水/mL	2.0	1.8	1.6	1.4	1.2	1.0	0.8
3,5-二硝基水杨酸/mL	2.0	2.0	2.0	2.0	2.0	2.0	2.0
葡萄糖含量/(mg/mL)	0	0.2	0.4	0.6	0.8	1.0	1.2
A_{540}							

摇匀后,置沸水浴中煮沸 5 min。取出后迅速冷却至室温,加去离子水定容至 25 mL,测定各管反应液的 A_{540}。以葡萄糖浓度为横坐标,A_{540} 值为纵坐标,绘制标准曲线。

2. 样品中还原糖的测定

(1) 还原糖的提取:准确称取 3.00 g 小麦面粉,放入 100 mL 烧杯中,先用少量去离子水调成糊状,然后加入 50 mL 去离子水,搅匀,置于 50℃恒温水浴中保温 20 min,使还原糖浸出。4 000 r/min 离心 5 min,将上清液收于 100 mL 容量瓶中。洗涤沉淀一次,离心取上清,上清液并入容量瓶,定容至刻度,混匀,作为还原糖待测液。

(2) 显色和比色:取 3 支刻度试管,各吸取上述样品提取液 0.5 mL,分别加入去离子水 1.5 mL,3,5-二硝基水杨酸试剂溶液 1.5 mL,充分振荡混合,置沸水浴中煮沸 5min。取出后迅速冷却至室温,加去离子水定容至 25 mL。以标准曲线的 1 号

管反应液调 A_{540} 为零,测定各管反应液的 A_{540},取三支试管反应液的 A_{540} 的平均值,在标准曲线上查出相应的还原糖毫克数,按下式计算出样品中还原糖的百分含量:

$$还原糖(\%)=\frac{查曲线所得葡萄糖毫克数\times\dfrac{提取液总体积}{测定时取用体积}}{样品毫克数}\times100$$

【要点提示】

1. 在沸水浴中加热时,注意勿让试管倒伏。

2. 样品液显色后若颜色很深,其吸光度值超过标准曲线浓度(含量)范围,则应将样品提取液适当稀释后,再显色测定。

【思考题】

1. 3,5-二硝基水杨酸比色法测定还原糖含量的原理是什么?

2. 还有哪些方法能够测定还原糖?

实验 27　血糖含量的测定
——GOD-PAP 法

【实验目的】

1. 理解血糖测定的临床意义。

2. 掌握 GOD-PAP 法测定血糖含量的原理和方法。

【实验原理】

哺乳动物血液中的葡萄糖称为血糖。血糖浓度受神经系统和激素的调节,正常情况下血糖浓度是保持相对恒定的。葡萄糖氧化酶-过氧化物酶(GOD-PAP)法测定血糖含量的原理是:葡萄糖经葡萄糖氧化酶(GOD)氧化成葡萄糖酸,并产生过氧化氢;过氧化物酶(POD)催化过氧化氢氧化 4-氨基吡啶(4-AAP)偶联苯酚,生成红色的醌类化合物(在 505 nm 有特征吸收峰),其颜色的深浅在一定条件下与葡萄糖含量成正比(图 1-24)。测定该有色化合物的吸光度即可计算出葡萄糖的含量。

GOD-PAP 法对葡萄糖特异性高,不受其他糖及还原性物质的干扰,是国内临

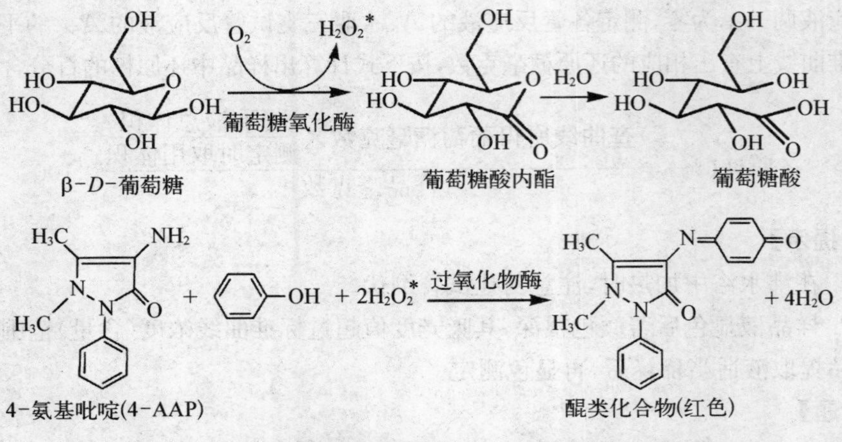

图 1-24　GOD-PAP 法测定葡萄糖生物化学反应式

*H₂O₂ 为酶促反应的中间产物

床上推荐采用的方法。市售有 GOD-PAP 试剂盒,操作简便、检测灵敏。用该法测得的人(空腹)血糖正常值参考范围为 3.89～6.11 mmol/L(70～110 mg/100 mL)。

【器材与试剂】

1. 器材

恒温水浴锅、分光光度计、可调移液器、试管、刻度吸管、新鲜血清(样品)。

2. 试剂

(1) 葡萄糖标准液(1.0 mg/mL)。

(2) 血糖测定试剂盒:一般组成为酶试剂(葡萄糖氧化酶≥13 U/mL、过氧化物酶≥0.9 U/mL)、磷酸缓冲液(11 mmol/L 磷酸缓冲液,100 mmol/L 苯酚,0.77 mmol/L 4-氨基安替比林,pH=7.0)。

(3) 工作液:使用时,用磷酸缓冲液将酶试剂稀释 10 倍而成。

【实验步骤】

1. 血糖测定

取干净试管 3 支,编号,按下表加入试剂。

试　　剂	试　管　编　号		
	空白管	标准管	样品管
蒸馏水/mL	0.02	—	—
葡萄糖标准液 /mL	—	0.02	—
血清 /mL	—	—	0.02
工作液 /mL	3.0	3.0	3.0

快速混匀后于 37℃保温 20 min,冷却至室温,以空白溶液调零,在 505 nm 处测定各管吸光度值。

2. 计算

将测得的标准管和样品管的吸光度值代入下式,计算血糖含量:

$$血糖含量(mg/100\ mL) = \frac{A_1}{A_2} \times 100$$

或:

$$血糖含量(mmol/L) = \frac{A_1}{A_2} \times 100 \times 0.056$$

式中,A_1 为样品管的吸光度值;

A_2 为标准管的吸光度值;

1 mg/100 mL 葡萄糖物质的量浓度为 0.056 mmol/L。

【要点提示】

1. 实验必须使用未溶血样本。制备样品时,血清应在收集血样后 30 min 内与细胞分离,以防红细胞内葡萄糖-6-磷酸在溶血时进入血清。

2. 酶法实验要求严格控制时间和温度。

3. 葡萄糖氧化酶对 β-D-葡萄糖高度特异,葡萄糖溶液中约 36% 为 α 型,64% 为 β 型。葡萄糖的完全氧化则需从 α 型到 β 型的变旋反应,实验中通过延长保温时间可完成自发变旋。新配制的葡萄糖主要是 α 型,故需放置 2 h 以上(最好过夜),待变旋平衡后方可应用。

【思考题】

1. 本实验测定血糖的原理是什么?应该注意哪些事项?

2. 查阅相关文献,总结还有哪些方法可以测定血糖含量?

实验 28　植物组织中可溶性糖含量的测定——蒽酮法

【实验目的】

掌握蒽酮法测定可溶性糖含量的原理和方法。

【实验原理】

糖与浓硫酸共热时,脱水生成糠醛或羟甲基糠醛,该产物与蒽酮($C_{14}H_{10}O$)反应生成蓝绿色糠醛衍生物(图1-25),在 620 nm 处有最大光吸收。在 $0\sim150\ \mu g/mL$ 糖浓度范围内,糠醛衍生物颜色的深浅与可溶性糖含量成正比,因此可用分光光度法进行糖的定量测定。

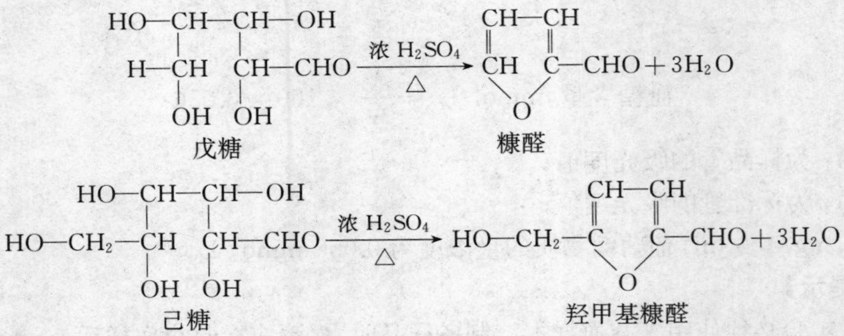

$$
\begin{array}{c}
HO-CH-CH-OH \\
\ \ \ \ | \ \ \ \ \ | \\
H-CH \ \ CH-CHO \xrightarrow[\triangle]{浓\ H_2SO_4} \\
\ \ \ \ | \ \ \ \ \ | \\
OH \ \ OH
\end{array}
\begin{array}{c}
CH-CH \\
\ \ \| \ \ \ \| \\
CH \ \ \ C-CHO + 3H_2O \\
\ \ \backslash \ / \\
O
\end{array}
$$

戊糖　　　　　　　　糠醛

$$
\begin{array}{c}
HO-CH-CH-OH \\
\ \ \ \ \ \ \ | \ \ \ \ \ | \\
HO-CH_2-CH \ \ CH-CHO \xrightarrow[\triangle]{浓\ H_2SO_4} \\
\ \ \ \ \ \ | \ \ \ \ \ | \\
\ \ \ \ OH \ \ OH
\end{array}
\begin{array}{c}
CH-CH \\
\ \ \| \ \ \ \| \\
HO-CH_2-C \ \ C-CHO + 3H_2O \\
\ \ \ \ \backslash \ / \\
O
\end{array}
$$

己糖　　　　　　　　羟甲基糠醛

图1-25　蒽酮法测定可溶性糖的反应方程式

蒽酮法灵敏度高,且方法简便。由于绝大部分的碳水化合物都能与蒽酮试剂反应,该法不但可以测定戊糖与己糖,而且可以测定寡糖类和多糖类物质,包括蔗糖、淀粉、纤维素等(因为反应液中的浓硫酸可把多糖水解成单糖而发生反应),所以用蒽酮法测出的糖含量,实际上是溶液中全部可溶性糖的总量。

【器材与试剂】

1. 器材

电子天平、恒温水浴锅、分光光度计、容量瓶、刻度移液管、漏斗、滤纸、剪刀、玻璃棒、20 mL 具塞刻度试管、研钵、石英砂、洗耳球、新鲜苹果(新鲜或烘干的其他植物组织)。

2. 试剂

(1) 葡萄糖标准溶液:准确称取分析纯无水葡萄糖 100 mg,溶于蒸馏水并定容至100 mL。使用时再稀释 10 倍,即得 100 $\mu g/mL$ 葡萄糖标准溶液。

(2) 蒽酮试剂:称取蒽酮 1.0 g,溶于 80%(V/V)硫酸 1 000 mL,冷却至室温,贮于棕色瓶内,当日配制使用。

【实验步骤】

1. 标准曲线的制作

取试管 6 支并编号,按下表顺序加入试剂。

试 剂	管 号					
	0	1	2	3	4	5
葡萄糖标准溶液/mL	0	0.2	0.4	0.6	0.8	1.0
蒸馏水/mL	1.0	0.8	0.6	0.4	0.2	0
蒽酮试剂/mL	5.0	5.0	5.0	5.0	5.0	5.0
试管中葡萄糖含量/μg	0	20	40	60	80	100

将各管快速混匀,于沸水浴中煮沸 10 min,取出冷却至室温,以 0 号管为空白对照,迅速测定各管 A_{620} 值。以葡萄糖含量(μg)为横坐标,以 A_{620} 值为纵坐标,绘制标准曲线。

2. 样品中可溶性糖的提取

称取苹果果肉 200 mg,剪碎,置于研钵中,加入少量蒸馏水和石英砂,研磨成匀浆,然后转入 20 mL 刻度试管中,用 10 mL 蒸馏水分次洗涤研钵,洗液一并转入刻度试管中。置沸水浴中加盖煮沸 10 min,冷却后过滤,滤液收集于 50 mL 容量瓶中,用蒸馏水定容至刻度,摇匀备用。

3. 可溶性糖提取液的稀释

吸取提取液 2 mL,置于另一 50 mL 容量瓶中,以蒸馏水定容,摇匀。

4. 糖含量的测定

取试管 3 支,分别加入已稀释的提取液 1 mL 及蒽酮试剂 5 mL;另取试管 1 支,以等量蒸馏水代替提取液与蒽酮试剂 5 mL 混合,以此管作空白对照。充分振荡混匀各管内容物,置沸水浴 10 min,冷却至室温后,测定 A_{620} 值。根据测定的 A_{620} 值,在标准曲线上分别查出其相应的葡萄糖含量,计算 3 个平行样品中可溶性糖含量的平均值。

5. 结果计算

$$样品含糖量(μg/g 鲜重)=\frac{m(μg)×提取液总体积(mL)×稀释倍数}{测定时所取提取液体积(mL)×样品鲜重(g)}$$

式中,m 为从标准曲线上查得的可溶性糖含量,单位为 μg。

【要点提示】

1. 蒽酮试剂含有浓硫酸,用洗耳球吸取时应小心。加入该试剂时应缓慢加入,以免产生大量的热而暴沸,灼伤皮肤,如出现上述情况,应迅速用自来水冲洗。

2. 水浴加热时应打开或松动试管塞,以免造成危险。

3. 蒽酮也可以和其他一些糖类发生反应,但呈现的颜色不同,稳定性也不同,因此须严格掌握加热、测定时间。当存在含有较多色氨酸的蛋白质时,反应不稳定,呈现红色。

4. 需根据实际情况调整试液浓度,以保持吸光度在 0.1～0.8 范围内。

【思考题】

1. 用蒽酮分光光度法测定植物组织中可溶性糖含量需要注意哪些事项?

2. 干扰可溶性糖测定的主要因素有哪些? 应怎样避免?

实验 29　饱食、饥饿、肾上腺素、胰岛素 对肝糖原含量的影响

【实验目的】

1. 实验验证影响肝糖原含量的几种因素。

2. 学习肝糖原的定量测定方法。

【实验原理】

肝脏是哺乳动物调节血糖浓度最重要的器官,对血糖浓度的变化很敏感。当动物饱食后,为防止血糖浓度过高,肝糖原合成增强,储备糖;饥饿时,为防止血糖浓度下降,肝糖原分解,释出葡萄糖。血糖浓度的恒定受激素信号的调节控制,如肾上腺素和胰岛素是作用相拮抗的两种激素,通过一系列酶促机制,调节血糖,影响肝糖原的含量:肾上腺素加速糖原分解,使血糖水平升高;胰岛素则促进糖原合成,是体内唯一的降低血糖的激素。

糖原是一种高分子化合物,微溶于水,无还原性。提取肝糖原时利用三氯乙酸破坏肝组织中的酶,使肝组织中的蛋白质沉淀,而糖原仍留在溶液中。加热时,糖原被酸水解为葡萄糖。蒽酮试剂中的浓硫酸可使糖原水解的葡萄糖进一步脱水生成糠醛衍生物,后者和蒽酮作用,形成的蓝绿色物质在 620 nm 处有最大吸收值,可与同法处理的葡萄糖标准溶液比色进行肝糖原含量测定。

【器材与试剂】

1. 器材

可见光分光光度计、玻璃匀浆器、注射器、50 mL 容量瓶、移液器、刻度移液管、

剪刀、镊子、小漏斗、滤纸、解剖盘、小白鼠(成年、30 g 左右)。

2. 试剂

(1) 5%(m/V)三氯乙酸溶液。

(2) 0.9%(m/V)生理盐水。

(3) 葡萄糖标准溶液：含纯葡萄糖 0.1 mg/mL。

(4) 肾上腺素：将 0.1%(m/V)肾上腺素注射液用生理盐水准确稀释 50 倍，使其浓度为 20 μg/mL。

(5) 胰岛素：将市售胰岛素用生理盐水稀释至 0.1 U/mL。

(6) 蒽酮试剂：取蒽酮 2 g，溶于 1 000 mL 80%(V/V)硫酸中，当日配制使用。

【实验步骤】

1. 处理动物

将成年小白鼠(30 g 左右)分为 4 组，3 组饲喂(饱食)，1 组禁食(至试验时应禁食18～24 h)。试验前 0.5～1 h 取 2 只饱食小白鼠，其中 1 只腹腔注射肾上腺素 15 μg，另 1 只注射胰岛素 0.05～0.1 U。

2. 制备肝匀浆

将 4 只小白鼠(饱食、饥饿、注射肾上腺素、注射胰岛素)在解剖盘中断头处死，取肝脏，用生理盐水冲洗并吸干，分别称取 0.5 g(或 1 g)，置匀浆器中，加入 5%三氯乙酸溶液3 mL，匀浆。

3. 水解糖原

将匀浆液分别转入 4 支试管中，沸水浴煮沸 15 min，使肝糖原水解。水解液冷却后，分别过滤于 4 只 50 mL 容量瓶中，以去离子水定容。

4. 显色定量

取试管 6 支并编号，按下表操作，分别读出各测定管及标准管的 A_{620} 值。

试　　剂	试　管　编　号					
	1(饿)	2(饱)	3(肾)	4(胰)	S(标准)	U(对照)
肝糖原提取液/mL	0.5	0.5	0.5	0.5	—	—
葡萄糖标准溶液/mL	—	—	—	—	0.5	—
去离子水/mL	—	—	—	—	—	0.5
蒽酮试剂/mL	5.0	5.0	5.0	5.0	5.0	5.0
			沸水浴 10 min			
A_{620}						调零

5. 计算结果

按公式计算出 100 g 肝脏所含肝糖原的克数:

$$肝糖原含量(g) = (A_测 / A_标) \times (1/1.11)$$

(注:1.11 为转换系数,葡萄糖的相对分子质量为 180,糖原中葡萄糖残基的相对分子质量为 162,葡萄糖转换成糖原须除以 1.11。)

【要点提示】

1. 不要逗弄动物,否则影响血糖水平,以致影响肝糖原含量的测定。

2. 肝脏离体后,肝糖原会迅速分解,故在处死动物后,所得肝脏须迅速用三氯乙酸溶液处理。

【思考题】

1. 肝糖原含量的动态变化对维持血糖水平有何意义?

2. 肾上腺素、胰岛素调节血糖水平的机制是什么?

实验 30　小麦萌发前后淀粉酶活力的比较

【实验目的】

1. 学习用分光光度法测定淀粉酶活力的原理与方法。

2. 了解小麦萌发前后淀粉酶活力的变化。

【实验原理】

淀粉酶是水解淀粉的糖苷键的一类酶的总称。按照其水解淀粉的作用方式,可以分成 α-淀粉酶、β-淀粉酶、糖化淀粉酶、异淀粉酶等。实验证明,在小麦、大麦、黑麦的休眠种子中只含有 β-淀粉酶,α-淀粉酶是在发芽过程中形成的,所以在禾谷类萌发的种子和幼苗中,这两类淀粉酶都存在。其活性随萌发时间的延长而增高。

本实验以淀粉酶催化淀粉生成麦芽糖的速度来测定酶的活力。麦芽糖是还原性糖,能使 3,5-二硝基水杨酸还原成棕色的 3-氨基-5-硝基水杨酸,反应过程参见实验 26 的图 1-23,后者在 540 nm 处有最大光吸收,可用分光光度法定量测定。

【器材与试剂】

1. 器材

25 mL 刻度试管、试管架和试管夹、刻度移液管、研钵、离心管、量筒、可见光分光光度计、离心机、恒温水浴锅、沸水浴锅、小麦种子。

2. 试剂

(1) 标准麦芽糖溶液(1 mg/mL):精确称量麦芽糖 100 mg,用少量蒸馏水溶解后,移入 100 mL 容量瓶中,定容至刻度。

(2) 0.02 mol/L 磷酸缓冲液(pH 6.9):取 0.2 mol/L KH_2PO_4 67.5 mL 与 0.2 mol/L K_2HPO_4 82.5 mL 混合,定容至 1 000 mL。

(3) 0.2%(m/V)淀粉溶液:取淀粉 0.2 g 溶于 0.02 mol/L 磷酸缓冲液中,用缓冲液定容至 100 mL。

(4) 3,5-二硝基水杨酸溶液:取 3,5-二硝基水杨酸 1 g,溶于 20 mL 2 mol/L NaOH 溶液和 20 mL 水中。另取酒石酸钾钠 30 g,溶于 30 mL 水中,溶解后与上液混匀(此时溶液会出现黏稠),继续搅拌,至完全溶解,定容至 100 mL,过滤备用。

(5) 1%NaCl(m/V)溶液。

(6) 石英砂。

【实验步骤】

1. 标准曲线制作

取干净刻度试管 7 支并编号,按下表加入试剂。

试　　　剂	试　管　编　号						
	1	2	3	4	5	6	7
标准麦芽糖溶液/mL	0	0.2	0.6	1.0	1.4	1.8	2.0
蒸馏水/mL	2.0	1.8	1.4	1.0	0.6	0.2	0
3,5-二硝基水杨酸溶液/mL	2.0	2.0	2.0	2.0	2.0	2.0	2.0

摇匀后,置沸水浴中煮沸 5 min。取出后迅速冷至室温,加蒸馏水定容至 25 mL,以 1 号试管作空白对照,测定各管的 A_{540},以麦芽糖含量为横坐标,A_{540} 值为纵坐标,绘制标准曲线。

2. 酶液的制备

(1) 小麦种子萌发:小麦种子浸泡 24 h 后,放入 25℃ 恒温箱内或在室温下发芽。

(2) 酶液的提取

幼苗酶的提取：取萌发的幼苗 5 株,放入研钵内,加石英砂 0.2 g、1%NaCl 溶液 10 mL,用力研磨成匀浆,在 0~4℃下放置 20 min。将提取液移入离心管中,2 000 r/min 离心 10 min。将上清液倒入量筒中,测定酶提取液的总体积。取酶液 1 mL,用 pH 6.9 的 0.02 mol/L 磷酸缓冲液稀释 10 倍,进行酶活力测定。

种子酶的提取：取干燥种子 5 粒作对照,操作方法同上。

3. 酶活力测定

(1) 取 25 mL 刻度试管 3 支并编号,按下表加入试剂(淀粉加入后预热 5 min)。

试　　　剂	试　管　编　号		
	1(种子酶稀释液)	2(幼苗酶稀释液)	3(空白管)
0.2%淀粉溶液/mL	1	1	1
蒸馏水/mL	—	—	0.5
酶液/mL	0.5	0.5	—

各管混匀后在 45℃恒温水浴锅中水解 3 min,立即向各管中加入 1% 3,5-二硝基水杨酸溶液 2 mL。

(2) 混匀后,放入沸水浴中准确加热 5 min。迅速冷至室温,加水稀释至 25 mL,将各管充分混匀。用空白管作为对照,测定各管的 A_{540} 值。

(3) 计算酶活力单位

1) 在标准曲线上查出各管相应的麦芽糖含量。

2) 设在 45℃、pH 6.9 的条件下,3 min 内水解淀粉释放 1 mg 麦芽糖所需的酶量为 1 个活力单位(U),则 5 粒种子或 5 株幼苗的总酶活力单位为：

$$总酶活力单位 = C_{酶} \times n \times V_{酶}$$

式中,$C_{酶}$ 为种子酶或幼苗酶分解淀粉产生的麦芽糖的浓度(mg/mL)；

　　　n 为酶液稀释的倍数；

　　　$V_{酶}$ 为提取酶液的总体积(mL)。

【要点提示】

1. 小麦种子萌发前须充分浸泡 24 h,然后均匀地放在铺有滤纸的培养皿或解剖盘中,开始 2~3 d 内须保证水分供应充足,根系发达后浇水不可过多。

2. 萌发情况不同,酶活力也不同。刚萌发出胚根的小麦,酶活力增加迅速,之后随发芽天数增加继续增加,但幅度减慢,同一天发芽的幼苗高株比矮株的酶活力略高。

3. 酶提取温度应控制在 0~4℃，因为低温条件下易保持酶的活力。

4. 几乎所有植物中都有淀粉酶，特别是萌发后的禾谷类种子淀粉酶活性最强，主要是 α-淀粉酶和 β-淀粉酶。α-淀粉酶不耐酸，在 pH 3.6 以下迅速钝化，而 β-淀粉酶不耐热，在 70℃ 处理 15 min 则钝化，所以在反应时要保证适宜的 pH 和温度。根据这一特性，还可在测定时钝化其中一种酶测出另外一种酶的活力。

鉴定酶活力也可以将酶与淀粉的混合液于 37℃ 恒温水浴中保温后滴入 2~3 滴 KI-I 溶液，混匀，观察颜色的变化。

5. 酶液中麦芽糖含量测定也可不用标准曲线法，而采用标准比较法。

【思考题】

1. 为什么提取酶的过程应在 0~4℃ 下进行？测定淀粉酶活性时，为什么要在 45℃ 条件下水解淀粉？

2. 小麦萌发过程中淀粉酶活性升高的原因和意义是什么？

实验 31　脂肪酸的 β-氧化

【实验目的】

1. 理解脂肪酸的 β-氧化作用。

2. 了解测定丙酮含量的原理。

【实验原理】

脂肪酸 β-氧化是脂类分解代谢的重要途径，在动物肝脏中进行。脂肪酸经 β-氧化作用生成乙酰辅酶 A。2 分子乙酰辅酶 A 可缩合生成乙酰乙酸，乙酰乙酸可经脱羧作用生成丙酮，也可以还原生成 β-羟丁酸。乙酰乙酸、β-羟丁酸和丙酮统称为酮体。

本实验用新鲜肝糜与丁酸保温，生成的丙酮可借碘仿反应来测定，即用过量的碘（定量）在碱性条件下与丙酮作用，生成碘仿，以标准硫代硫酸钠（$Na_2S_2O_3$）溶液在酸性环境中滴定剩余的碘，从而可计算出丙酮的生成量。反应式如下：

$$2NaOH+I_2 \rightarrow NaIO+NaI+H_2O \tag{1}$$

$$CH_3COCH_3+3NaIO \rightarrow CH_3I(碘仿)+ CH_3COONa+2NaOH \tag{2}$$

剩余的碘,可用标准 $Na_2S_2O_3$ 溶液滴定:

$$NaIO+NaI+2HCl \rightarrow I_2+2NaCl+H_2O \tag{3}$$

$$I_2+2Na_2S_2O_3 \rightarrow Na_2S_4O_6+2NaI \tag{4}$$

由(1)~(4)的反应化学方程式可得出:

$$1CH_3COCH_3 \sim 3\ NaIO \sim 3I_2 \sim 6Na_2S_2O_3$$

因此,每消耗 1 mol 的 $Na_2S_2O_3$ 相当于生成了 1/6 mol 的丙酮;根据滴定样品与滴定对照所消耗的 $Na_2S_2O_3$ 溶液体积之差,可以计算出由丁酸氧化生成丙酮的量。

【器材与试剂】

1. 器材

恒温水浴锅、5 mL 微量滴定管、移液管、剪刀及镊子、匀浆器、50 mL 锥形瓶、漏斗、滤纸、家兔。

2. 试剂

(1) 0.5%(m/V)淀粉溶液。

(2) 0.9%(m/V)NaCl 溶液。

(3) 0.5 mol/L 丁酸溶液。

(4) 15%(m/V)三氯乙酸溶液。

(5) 10%(m/V)NaOH 溶液。

(6) 10%(V/V)盐酸。

(7) 0.1 mol/L I_2 溶液:称取 I_2 12.7 g 和 KI 25 g,溶于蒸馏水中,稀释至 1 000 mL,混匀,用标准 0.05 mol/L $Na_2S_2O_3$ 溶液标定。

(8) 标准 0.01 mol/L $Na_2S_2O_3$ 溶液:临用时将已标定的 0.05 mol/L $Na_2S_2O_3$ 溶液稀释成 0.01 mol/L。

(9) 1/15 mol/L pH 7.6 磷酸缓冲液:1/15 mol/L Na_2HPO_4 溶液 86.8 mL 与 1/15 mol/L NaH_2PO_4 溶液 13.2 mL 混合。

【实验步骤】

1. 肝糜制备

(1) 将家兔颈部放血处死,取出肝脏,用 0.9%NaCl 溶液洗去污血,用滤纸吸去表面的水分。

（2）称取肝组织 5 g 置研钵中，加少量 0.9% NaCl 溶液，研磨成细浆。再加 0.9% NaCl 溶液至总体积为 10 mL，得肝组织糜。

2. 酮体生成和沉淀蛋白质

取 50 mL 锥形瓶 2 只并编号，按下表操作。

试　　剂	锥　形　瓶　编　号	
	1 号（样品）	2 号（对照）
1/15 mol/L pH 7.6 磷酸缓冲液/mL	3	3
0.5 mol/L 丁酸溶液/mL	2	—
肝组织糜/mL	2	2
	混匀，置于 43℃恒温水浴内保温 1.5 h	
15%三氯乙酸溶液/mL	3	3
0.5 mol/L 丁酸溶液/mL	—	2
	混匀，静置 15 min，过滤，滤液分别收集于 2 支试管中	

3. 酮体的测定

另取 50 mL 锥形瓶 2 只并编号，按下表操作。

试　　剂	锥　形　瓶　编　号	
	A 号（样品）	B 号（对照）
1 号瓶滤液/mL	2	—
2 号瓶滤液/mL	—	2
0.1 mol/L I_2 溶液/mL	3	3
10%NaOH 溶液/mL	3	3
	摇匀，静置 10 min	
10%盐酸/mL	3	3
0.1%淀粉溶液/滴	3	3

混匀后立即用 0.01 mol/L 标准 $Na_2S_2O_3$ 溶液滴定剩余的碘，滴至浅黄色时，记录滴定 A 瓶与 B 瓶溶液所用 $Na_2S_2O_3$ 溶液的毫升数，并按下式计算样品中的丙酮含量。

4. 计算

$$肝脏的丙酮含量（mmol/g）=(V_{对照}-V_{样品}) \times C_{Na_2S_2O_3} / 6$$

式中，$V_{对照}$ 为滴定对照所消耗的标准 $Na_2S_2O_3$ 溶液的体积，以 mL 为单位；

$V_{样品}$ 为滴定样品所消耗的标准 $Na_2S_2O_3$ 溶液的体积，以 mL 为单位；

$C_{Na_2S_2O_3}$为标准 $Na_2S_2O_3$ 溶液的浓度,以 mol/L 为单位。

【要点提示】

1. 所用材料必须新鲜,以保证肝脏细胞内酶的活性;肝组织要在冰浴中研磨成细浆。

2. 在 43℃恒温水浴内保温,其目的是在酶的作用下让丁酸充分反应。三氯乙酸的作用是使肝匀浆的蛋白质、酶变性,发生沉淀并终止反应。

3. 为减少误差,应尽量缩短滴定样品瓶和对照瓶的时间间隔。滴定终点均为浅黄色,滴定结束后样品瓶和对照瓶中的溶液颜色应一致。

【思考题】

1. 生物体内脂肪酸是如何转变为酮体的?

2. 与正常生理状态相比,如果测定的血液中酮体含量很高,说明什么问题? 有何生物学意义?

实验 32　血清中谷丙转氨酶活性的测定

【实验目的】

1. 学习测定谷丙转氨酶活性的原理。

2. 掌握分光光度法定量测定技术。

【实验原理】

转氨酶又叫氨基转移酶,它催化转氨基反应。转氨酶在氨基酸的分解、合成及三大物质的相互联系、相互转化上起很重要的作用。转氨酶种类很多,在动物的心、脑、肾、肝细胞中含量很高,在植物和微生物中分布也很广,其中以谷丙转氨酶(GPT)和谷草转氨酶(GOT)活力最强。GPT 在肝细胞中含量最丰富,它催化 α-酮戊二酸和 L-丙氨酸反应生成 L-谷氨酸和丙酮酸。正常人的血清 GPT 含量很少,活性很低,但当肝细胞受损时(如肝炎等病变),酶从肝细胞释放到血液中,使血清中的 GPT 活性显著增高。测定 GPT 是临床上检查肝功能是否正常的重要指标之一。

GPT 作用于 L -丙氨酸和 α -酮戊二酸后生成的一种产物——丙酮酸可与 2,4 -二硝基苯肼反应生成丙酮酸- 2,4 -二硝基苯腙。丙酮酸- 2,4 -二硝基苯腙在碱性条件下呈棕红色,其颜色的深浅与丙酮酸的含量成正比,可用分光光度法进行丙酮酸定量测定。因此在一定的条件下,可进行 GPT 活力的测定并计算出血清中 GPT 的活力单位数。

【器材及试剂】

1. 器材

恒温水浴锅、可见光分光光度计、试管及试管架、移液器、刻度移液管、坐标纸、新鲜人血清或兔血清。

2. 试剂

(1) 0.1 mol/L 磷酸缓冲液(pH 7.4):称取 $Na_2HPO_4 \cdot 2H_2O$ 2.89 g(或 $Na_2HPO_4 \cdot 12H_2O$ 5.80 g)和 $NaH_2PO_4 \cdot H_2O$ 0.52 g(或 $NaH_2PO_4 \cdot 2H_2O$ 0.59 g),溶于蒸馏水后定容至 200 mL。

(2) 丙酮酸钠标准溶液(2.0 μmol/mL):取丙酮酸钠 22 mg,溶于 0.1 mol/L 磷酸缓冲液(pH 7.4)中,定容至 100 mL。

(3) GPT 底物液:称取 α -酮戊二酸 29.20 mg 和 L -丙氨酸 0.89 g(或 D/L -丙氨酸1.78 g),溶于适量的 0.1 mol/L 磷酸缓冲液中,用 1 mol/L NaOH 调至 pH 为 7.4,再以 0.1 mol/L 磷酸缓冲液(pH 7.4)定容至 100 mL,冰箱中保存。

(4) 2,4 -二硝基苯肼溶液:取 2,4 -二硝基苯肼 19.80 mg,加入到 7 mL 浓盐酸中,不断摇动,待溶解后加蒸馏水定容至 100 mL,棕色瓶保存。

(5) 0.4 mol/L NaOH 溶液。

【实验步骤】

1. 标准曲线制作

(1) 取试管 6 支并编号,按下表顺序加入试剂。

试 剂	试 管 编 号					
	0	1	2	3	4	5
0.1 mol/L 磷酸缓冲液/mL	0.10	0.10	0.10	0.10	0.10	0.10
GPT 底物液/mL	0.50	0.45	0.40	0.35	0.30	0.25
丙酮酸钠标准溶液/mL	0.00	0.05	0.10	0.15	0.20	0.25
相当于丙酮酸实际含量/μmol	0	0.1	0.2	0.3	0.4	0.5

(2) 混匀后,置 37℃ 水浴预温 5 min,再分别加入 2,4 -二硝基苯肼溶液 0.5 mL,混匀,保温 20 min,各加入 0.4 mol/L NaOH 溶液 5 mL,混匀,继续保温

10 min,取出,冷至室温。

（3）以 0 号管为对照,在 520 nm 波长下用分光光度计测定各管的吸光度(A_{520})。

（4）以丙酮酸的实际含量(μmol)为横坐标,各管的吸光度(A_{520})为纵坐标,在坐标纸上绘出标准曲线。

2. 血清 GPT 活力的测定

（1）取试管 2 支,标明测定管和空白管,各加入 GPT 底物液 0.5 mL,37℃水浴保温 5 min。

（2）向测定管中加入血清 0.1 mL,混匀后立即计时,继续在 37℃水浴中保温 30 min。

（3）至 30 min 后,向测定管和空白管各加入 2,4 -二硝基苯肼 0.5 mL,混匀,向空白管补加 0.1 mL 的血清。

（4）2 支试管各加入 0.4 mol/L NaOH 溶液 5 mL,混匀,保温 10 min 后取出,冷至室温。

（5）以空白管为对照,读取 520 nm 波长下测定管的光吸收值 A_{520}。

（6）在标准曲线上查出丙酮酸的 μmol 数,并换算出丙酮酸的 μg 数。

（7）血清 GPT 活力计算:本方法规定在 37℃、pH 为 7.4 时,血清中的 GPT 与 GPT 底物液作用 30 min,每生成 2.5 μg 丙酮酸的酶量为 1 个酶活力单位(U)。据此计算每 1 mL 血清中 GPT 的活力单位数。

【要点提示】

1. 制作标准曲线时,需加入一定量的 GPT 底物液(内含 α -酮戊二酸),以抵消由于 α -酮戊二酸与 2,4 -二硝基苯肼反应生成 α -酮戊二酸- 2,4 -二硝基苯腙的消光影响。

2. 当酶浓度较低时,测定值与空白值相差很小,准确性较差。

3. 为防止测定中造成的误差,少量液体的加入最好用准确度很高的可调移液器代替移液管。

4. 实验用人血清的制取:供血者早晨空腹,由专业医务人员抽取血液 5～7 mL,放在干燥洁净的试管中,于 30～35℃的恒温箱中自然血凝,3～5 h 即得血清。

5. 一般正常人 1 mL 血清中 GPT 的活力单位测定值小于 40 U。

【思考题】

1. 准确测定血清 GPT 活性的关键是什么?

2. 血清 GPT 的活性在临床诊断中有什么意义?

实验 33　　生物发光法测定 ATP 浓度

【实验目的】

学习萤光素酶发光机制，以及化学发光仪的使用方法。

【实验原理】

某些化合物经过化学或生化反应后，其产物中的电子跃迁到高能激发态轨道上，产物分子处于激发态，当高能激发态轨道上电子跳回基态轨道时，分子发射出萤光(luminescence)。萤光的产生不需要激发光，萤光信号需要在完全黑暗环境下检测。催化萤光反应的萤光素酶有多种，反应机制也各不相同。以北美萤火虫萤光素酶为例，在该酶催化下，发光底物萤光素与 ATP 反应，生成萤光素-腺苷酸-萤光素酶复合体，复合体中萤光素再与介质中游离 O_2 发生化学反应，生成激发态氧化萤光素，激发态的氧化萤光素分子可以发射出约 560 nm 的萤光，变成基态氧化萤光素(图 1-26)。当反应体系中萤光素酶和萤光素过量时，ATP 成为萤光发光反应的限速因子，此时反应体系产生的萤光强度与 ATP 浓度呈现线性关系。萤光发光法灵敏度非常高，可分析极低浓度的 ATP，当 ATP 浓度在 $10^{-11} \sim 10^{-16}$ mol/L 区间，萤光信号与 ATP 浓度呈现良好的线性关系，据此可以测定溶液中 ATP 浓度。此外，生物发光技术还广泛地应用于分子生物学研究，萤光素酶是非常灵敏的

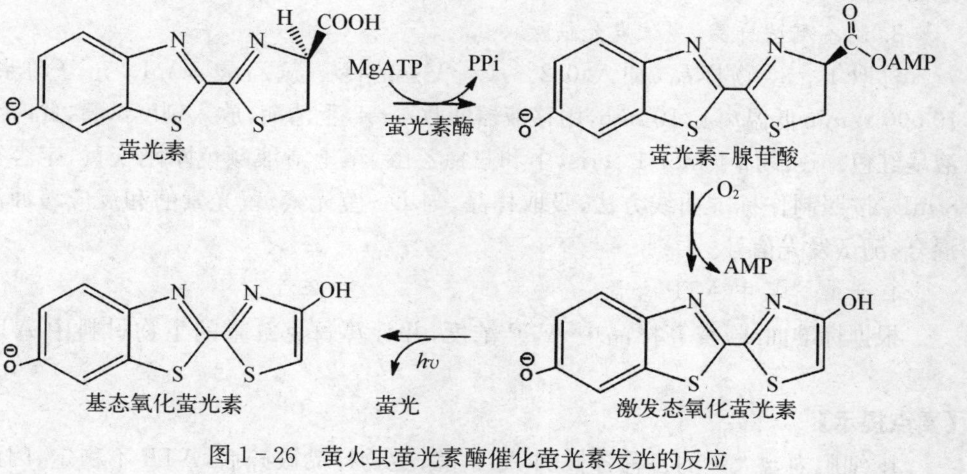

图 1-26　萤火虫萤光素酶催化萤光素发光的反应

报告基因,普遍用于研究启动子和生化反应。

【器材与试剂】

1. 器材

化学发光检测仪(GloMax® 20/20)、高透明 EP 管、刻度试管、移液器、离心机。

2. 试剂

(1) ATP 发光反应试剂盒(普洛麦格,货号 FF2000,包含底物萤光素、萤光素酶和反应缓冲液)。

(2) ATP 母液:1×10^{-7} mol/L。

(3) 1 mol/L Tris 溶液:称取 12.1 g Tris,溶解并定容至 100 mL。

(4) 植物或动物组织提取溶液:0.2 %(m/V)冷三氯乙酸,含 0.001%(m/V)二甲苯酚蓝酸碱指示剂。

【实验步骤】

1. 系列浓度的 ATP 标准液配制

取 EP 管,用 0.1 %(m/V)的三氯乙酸,按照逐级稀释的规则,用 ATP 母液配制 1×10^{-11} mol/L、1×10^{-12} mol/L、1×10^{-13} mol/L、1×10^{-14} mol/L、1×10^{-15} mol/L 和 1×10^{-16} mol/L 的 ATP 标准溶液。

2. 标准曲线的制作

参照试剂盒的说明,将 D-萤光素、萤光素酶、反应缓冲液和不同浓度系列的 ATP 加入 EP 管,迅速混合,将 EP 管放入化学发光测试仪,读取 10 秒钟的累计发光信号值。以 ATP 浓度为横坐标,萤光信号值为纵坐标,用双对数曲线纸,绘制标准曲线。

3. 制备测试样品,测试发光信号

称取 1 g 生物样品,加入 0.2%(m/V)的冷三氯乙酸 5 mL,充分匀浆,10 000 r/min 低温离心 10 min,用移液器回收 4 mL 上清液,放入刻度试管,此时溶液呈红色。逐滴加 1 mol/L Tris,中和三氯乙酸,至上清液颜色刚刚变黄,定容至 8 mL。按照制作标准曲线方法,吸取样品,与 D-萤光素、萤光素酶和反应缓冲液混合,测试发光信号。

4. 计算样品中 ATP 含量

根据标准曲线,查算样品中 ATP 浓度,并计算每克鲜重的生物材料中 ATP 含量。

【要点提示】

1. 细胞内含大量的各种各样的 ATP 酶,生物样品破碎后,ATP 不稳定,因此选用蛋白质强变性剂三氯乙酸为提取试剂。但三氯乙酸的强酸性会抑制后续的萤光素酶反应,因此提取溶液中加入二甲苯酚蓝酸碱指示剂,在 ATP 提取后,利用指示剂,用 Tris 将溶液调整至中性。

2. 中性环境下高浓度的三氯乙酸也会影响萤光素酶的催化反应,因此提取液的三氯乙酸浓度不要太高。

3. 萤光素酶催化产生的萤光一般会在 2 min 后开始减弱,因此萤光酶反应体系一旦混合,应迅速地进行萤光测试。

4. 化学发光仪使用了高灵敏度的光电倍增管,在仪器测试期间,不要打开仪器的黑色仓盖。

5. 高透明 EP 管可以提高萤光检测效率。

【思考题】

1. 荧光(fluorescence)和萤光的发光原理有何不同?

2. 萤光有光谱"红移"现象吗? 为什么?

第二部分

综合性实验

实验 34　细胞色素 c 的提取制备与含量测定

【实验目的】

1. 了解制备蛋白质的一般原理及分析方法。
2. 学习常用细胞色素 c 制备方法和操作技术。

【实验原理】

细胞色素是一类含有血红素辅基的电子传递蛋白的总称,在线粒体内膜上起传递电子的作用。细胞色素 c(cytochrome c)是细胞色素的一种,是呼吸链的一个重要组成部分。每分子细胞色素 c 含有一个血红素和一条多肽链,不同来源的细胞色素 c 结构略有差异,其氨基酸残基的数目为 $103\sim113$,等电点为 $10.2\sim10.8$,含铁量为 $0.38\%\sim0.47\%$,相对分子质量为 $12\,000\sim13\,000$。细胞色素 c 是较稳定的可溶性蛋白质,对酸、碱及热均较稳定,不易变性,易溶于水和酸性溶液,故常用酸性水溶液提取。

细胞色素 c 广泛存在于需氧组织中,较集中地分布在动物心肌细胞质内的线粒体膜上,酵母中含量也较高。本实验以新鲜猪心为原料,用酸溶液提取细胞色素 c,经人造沸石吸附;再用 $25\%(NH_4)_2SO_4$ 溶液洗脱,$45\%(NH_4)_2SO_4$ 盐析除去杂蛋白及三氯乙酸沉淀细胞色素 c,获得细胞色素 c 粗品;最后利用弱酸性阳离子交换树脂(Amberlite IRC - 50 - NH_4^+)有选择性地吸附细胞色素 c,用 Na_2HPO_4 - NaCl 溶液洗脱,即得高纯度的细胞色素 c。

细胞色素 c 因含有血红素而显红色或褐色,常以氧化型和还原型两种形式存在,氧化型细胞色素 c 水溶液呈深红色,还原型细胞色素 c 水溶液呈粉红色。还原型细胞色素具有明显的可见光谱吸收,呈现 α、β、γ 三个吸收峰(图 2-1),α 吸收峰的波长随细胞色素的种类不同各有特异的变化,这是区别细胞色素种类的重要标志。还原型细胞色素 c 在 520 nm 处有特异的吸收峰,所以可用分光光度法测定溶液中细胞色素 c

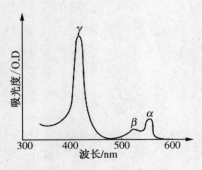

图 2-1　还原型细胞色素 c 的光吸收峰

的含量,还可以通过测定含铁量来鉴定纯度。

【器材与试剂】

1. 器材

组织捣碎机、磁力搅拌器、磁子、低速离心机、层析柱(1.5 cm×30 cm)、烧杯、量筒、透析袋、可见光分光光度计、刻度移液管、阳离子交换树脂、新鲜或冰冻猪心。

2. 试剂

(1) 2 mol/L H_2SO_4 溶液。

(2) 2 mol/L 氨水。

(3) 0.2%(m/V)NaCl 溶液。

(4) 25%(m/V)$(NH_4)_2SO_4$ 溶液。

(5) 20%(m/V)三氯乙酸溶液。

(6) 人造沸石($Na_2O \cdot Al_2O_3 \cdot xSiO_2 \cdot yH_2O$,60~80 目)。

(7) 细胞色素 c 标准溶液(80 mg/mL)。

(8) 联二亚硫酸钠($Na_2S_2O_4$)。

(9) $BaCl_2$ 试剂:称取 $BaCl_2$ 12 g,溶于 100 mL 去离子水中。

(10) 奈氏试剂:称取 HgI_2 11.5 g KI 8 g,溶于去离子水中,稀释至 50 mL,加入 6 mol/L NaOH 50 mL,静止后取清液储存于棕色瓶中。

(11) 0.06 mol/L Na_2HPO_4 - 0.4 mol/L NaCl 溶液。

(12) 5%(m/V)$AgNO_3$溶液。

【实验步骤】

1. 细胞色素 c 的制备

(1) 匀浆

1) 取新鲜或冰冻猪心(除净脂肪、血管及积血)150 g,用水冲洗后剪成小块或长条,加去离子水 300 mL,置组织捣碎机中捣成浆状。

2) 用 1~2 mol/L H_2SO_4 调整 pH 至 4.0,磁力搅拌器室温下搅拌提取 2 h。

3) 用 1~2 mol/L 氨水调整 pH 至 6.0,3 000 r/min 离心 3 min,取上清液(沉淀可再重复提取一次,合并上清液)。

(2) 中和:上清液用氨水调整 pH 至 7.2,静置 20~30 min,取出上层清液,再将下层黏稠物离心(3 000 r/min)3 min,弃沉淀,上清液装入 500 mL 下口瓶中,待用。

(3) 人造沸石吸附细胞色素 c

1) 称取人造沸石 11 g,用去离子水反复漂洗(弃去飘浮的部分)至水清。

2) 剪一小块直径与层析柱内径一般大的薄海绵,装入层析柱底部,柱下端接一乳胶管,将柱垂直固定。向柱内加约 2/3 体积去离子水,由下端排水至约剩 1/3 体积时用弹簧夹夹住。

3) 将已处理过的人造沸石装入柱内,应避免出现断层和气泡。装完柱后,由下端排出过多的水,人造沸石上面只留一薄层水(但不可露出沸石以免进入空气)。

4) 将下口瓶与层析柱连接,使清液沿柱壁缓缓流经柱内的人造沸石,开始吸附(注意调整流速为 8~10 mL/min)。此时可见人造沸石开始变红,流出液为黄色或浅红色。

(4) 洗脱

1) 将层析柱内的人造沸石倒入烧杯,用去离子水洗 3~5 遍至水清。

2) 用 0.2% NaCl 溶液 100 mL 分 3 次洗涤沸石,再用去离子水洗至水清。

3) 重新装柱。吸附了细胞色素 c 的红色人造沸石用 25% 的 $(NH_4)_2SO_4$ 溶液进行洗脱,流速要慢,控制为 1~2 mL/min。当有红色液体流出时,开始收集,至流出液红色变浅停止收集,记录红色流出液的体积(约收集 20 mL)。洗脱后的人造沸石可回收,再生使用。

(5) 盐析

1) 称取适量固体 $(NH_4)_2SO_4$〔按 $(NH_4)_2SO_4$ 终浓度约为 45% 计算〕,慢慢加到红色溶液中,边加边搅,防止局部浓度过大。可见有杂蛋白沉淀析出,放置 30 min 以上(可以过夜)。

2) 过滤或低速离心,收集红色透明的细胞色素 c 溶液,记录体积。

(6) 三氯乙酸沉淀细胞色素 c:每 100 mL 细胞色素 c 溶液加入 20% 三氯乙酸溶液 2.5~5.0 mL,注意边加边搅拌,细胞色素 c 沉淀析出后立即以 3 000 r/min,离心 15 min,收集沉淀。若上清液呈红色应再加三氯乙酸处理,合并沉淀。

(7) 透析

1) 向收集到的细胞色素 c 沉淀中加入少量去离子水使之溶解,移入透析袋中。

2) 在大烧杯中,磁力搅拌器上用去离子水进行透析除盐。换 3~4 次水后,检查 SO_4^{2-} 或 NH_4^+ 的情况。

方法是：① 取透析袋外的液体约 2 mL,加入 2~3 滴 $BaCl_2$ 试剂,观察是否有白色沉淀,如无,则表示 SO_4^{2-} 已除净。② 在一凹面白瓷板上加入 2~3 滴奈氏试剂,加透析袋外的液体约数滴,无橘黄色沉淀则表示 NH_4^+ 已除净。

3) 将透析袋中的溶液过滤或离心,即得澄清的细胞色素 c 粗品溶液。

(8) 细胞色素 c 的精制

1) 按 2 g 树脂/kg 猪心的比例,将处理过的阳离子交换树脂(Amberlite IRC-50-NH_4^+)装入层析柱(1.0 cm×20 cm)。

2) 通过下口瓶使样品溶液流入柱内,控制流速约为 2 mL/min。

3）吸附完成后,仔细地将树脂分层取出,上段颜色较浅的一层为杂蛋白和质量较差的细胞色素 c,弃之。下段深红色的为吸附细胞色素 c 的树脂,取出后放在小烧杯中,用去离子水搅拌洗涤至溶液澄清为止。

　　4）重新装柱,用 0.06 mol/L Na_2HPO_4 - 0.4 mol/L NaCl 溶液洗脱,控制流速为 1 mL/min,收集深红色溶液。

　　5）将收集到的细胞色素 c 溶液移入透析袋中,用去离子水进行透析(4℃)至无 Cl^- 为止(Cl^- 检测方法:取透析袋外的液体约 2 mL,加入 5% $AgNO_3$ 试剂 2~3 滴,观察是否有白色沉淀)。

　　6）将透析袋中的溶液过滤或离心,即得高纯度的细胞色素 c 溶液。

　　2. 含量测定

　　本实验制备的细胞色素 c 为氧化型与还原型的混合物,在测定时应加入联二亚硫酸钠,使混合物中的氧化型细胞色素 c 全部转变为还原型的细胞色素 c。还原型的细胞色素 c 在 520 nm 波长处有吸收峰,可采用标准曲线法测定其含量。

　　(1) 标准曲线的制作:取 1 mL 细胞色素 c 标准液(80 mg/mL),用水稀释至 25 mL。准备干净试管 6 支并编号,按下表操作。

试　　剂	试　管　编　号					
	1	2	3	4	5	6
标准品稀释液/mL	0.0	0.2	0.4	0.6	0.8	1.0
水/mL	4.0	3.8	3.6	3.4	3.2	3.0
联二亚硫酸钠			少　许			
A_{520}	调零					

　　以标准品稀释液的毫升数或相应浓度为横坐标,A_{520} 为纵坐标,制作标准曲线。

　　(2) 纯化细胞色素 c 定量测定:取制备的细胞色素 c 溶液 1 mL,用水稀释一定倍数(本实验约 25 倍)。

　　取干净试管 4 支并编号,按下表操作。

试　　剂	试　管　编　号			
	1	2	3	4
样品稀释液/mL	0.0	1.0	1.0	1.0
水/mL	4.0	3.0	3.0	3.0
联二亚硫酸钠		少　许		
A_{520}	调零			

取 A_{520} 平均值,在标准曲线上查出相应含量,再计算出样品原液的浓度。

【要点提示】

1. 取材时要尽可能除净脂肪、血管及积血。

2. 调节 pH=6 及 pH=7.2 的主要作用为除杂蛋白,每次调整 pH 时要准确,氨水的浓度不宜过大,防止局部 pH 过高。

3. 吸附后的流出液若红色仍较深,则为其他血红素类物质,可弃去,不必做第 2 次吸附。

4. 注意调整吸附及洗脱时的流速,不可过大或过小。

5. 人造沸石再生方法:先用自来水洗去 $(NH_4)_2SO_4$,再用 0.2 mol/L NaOH - 1 mol/L NaCl 混合液洗涤沸石成白色,最后用水反复洗至 pH 为 7~8,即可重复使用。

6. 因课时关系,可省略精制步骤。

【思考题】

1. 本实验的关键步骤有哪些?

2. 鉴定细胞色素 c 的纯度一般用什么方法?

实验 35　凝胶层析法测定蛋白质相对分子质量

【实验目的】

1. 学习凝胶层析法测定蛋白质相对分子质量的基本原理。

2. 掌握层析柱的装填技术。

【实验原理】

凝胶层析法又称分子筛层析法、排阻层析法或凝胶过滤法,是以凝胶为载体将物质按相对分子质量大小进行分离的一种方法。常用的凝胶主要有琼脂糖凝胶 (Sepharose)、葡聚糖凝胶(Sephadex)和聚丙烯酰胺凝胶(Bio-Gel P)。

凝胶是一类多孔介质,其内部是一些很细微的网状结构(图 2-2)。在凝胶层析的过程中,相对分子质量大于排阻上限(即水合直径大于凝胶颗粒的网孔)的物质不能进入凝胶颗粒的网孔,被排斥在凝胶颗粒之外(如蓝色葡聚糖 2000、铁蛋白等),洗脱时,此类物质将沿凝胶颗粒间隙下移,最先流出层析柱。而相对分子质量小的蛋白质可扩散进入凝胶颗粒的网孔内部,蛋白质的相对分子质量越小,越易运动到凝胶颗粒的网孔深处,在凝胶颗粒的网孔内滞留的时间越长,结果是相对分子质量小的蛋白质洗脱速度较慢,即洗脱体积较大。不同相对分子质量蛋白质的洗脱体积也不相同,通过部分收集器可以将它们收集在不同的洗脱组分中。本实验使用葡聚

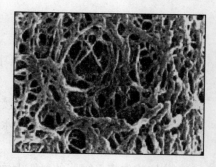

图 2-2 凝胶颗粒的内部结构

糖凝胶 Sephadex G-75 或 Sephadex G-100 为柱层析介质,有关 Sephadex 的性质见实验步骤中的表格。

凝胶层析法测定蛋白质相对分子质量(M_r)的过程:先用层析柱洗脱一组已知相对分子质量的标准蛋白质,做 $\lg M_r$ 对洗脱体积(V_e)标准曲线(在一定范围为直线)。在同一凝胶层析柱中洗脱未知相对分子质量的蛋白质(使用完全相同的洗脱条件),根据其洗脱体积,从标准曲线中查出相应的相对分子质量。

【器材和试剂】

1. 器材

层析柱(1.5 cm×100 cm)、核酸蛋白检测仪、紫外分光光度计、部分收集器、恒流泵、小型台式记录仪。

2. 试剂

(1) 洗脱液(50 mmol/L 磷酸缓冲液,pH 7.2)。

(2) 标准蛋白质(均为层析纯)混合液

蓝色葡聚糖 2000	$M_r = 2 \times 10^6$	3 mg
牛血清清蛋白	$M_r = 6.7 \times 10^4$	15 mg
卵清蛋白	$M_r = 4.3 \times 10^4$	15 mg
胰凝乳蛋白酶原 A	$M_r = 2.5 \times 10^4$	5 mg
细胞色素 c	$M_r = 1.24 \times 10^4$	2.5 mg
二硝基苯丙氨酸	$M_r = 2.55 \times 10^2$	0.3 mg

用 50 mmol/L 磷酸缓冲液 2 mL 溶解混合样品,备用。

(3) Sephadex G-75(或 G-100)。

【实验步骤】

1. 凝胶溶胀

根据层析柱的体积和所选用的凝胶膨胀后的柱床体积,称取所需凝胶干粉,加

适量洗脱液,室温放置 24 h 以上,中间数次更换溶液使凝胶充分吸水溶胀,用倾泻法将不易沉下的较细的颗粒倾去。注意不要过分搅拌,以防颗粒破碎。装柱前最好将处理好的凝胶置真空干燥器中抽真空,以除尽凝胶中的空气。

2. 装柱

将层析柱垂直固定,下端连接硅胶管并用弹簧夹夹住。向柱中加入约 1/3 高度的去离子水,由下端排出适量水,同时注意排出柱下端及硅胶管中的气泡,柱内余水 3~5 cm 时止住。

装柱前先将已溶胀的凝胶上面的溶液倒出一部分,然后轻轻搅起凝胶,将适当浓度的凝胶一次倒满凝胶柱,使之自然沉降(要注意颗粒间没有夹杂气泡,最好不用过稀的凝胶悬浮液装柱)。待凝胶沉积一段后(3~5 cm),由下端放出部分溶液,在还没有形成凝胶床面之前,由上端不断补充凝胶至离柱上端 5~10 cm 为止。夹住层析柱下端,使凝胶充分沉淀。注意凝胶床面要平整,如不平整,可用玻棒将局部搅起,重新沉淀。为防止加样时凝胶被冲起,可在凝胶表面上放一片滤纸。要注意在任何时候不要使液面低于凝胶表面,否则有可能混入气泡,影响液体在柱内的流动,从而影响分离效果。

3. 柱平衡

将洗脱液装入一个下口瓶,与层析柱连接,用 3~5 倍柱床体积的洗脱液洗柱,柱床稳定后调整流速约为 4 mL/10 min(推荐流速见下表)。

Sephadex 型号	干胶直径/ μm	分级范围(球蛋白相对分子质量)	柱床体积/ (mL/g 干胶)	最少溶胀时间/h 室温	最少溶胀时间/h 沸水浴	柱直径 1.5 cm 操作压/ cmH₂O*	柱直径 1.5 cm 流速/ (mL/min)	柱直径 2.5 cm 操作压/ cmH₂O	柱直径 2.5 cm 流速/ (mL/min)
G-25 粗	100~300								
中	50~100	1 000~	4~6	6	2				
细	20~80	5 000							
超细	10~40								
G-50 粗	100~300								
中	50~100	1 500~	9~11	6	2				
细	20~80	30 000							
超细	10~40								
G-75	40~120	3 000~	12~15	24	3	50~200	0.74	40~160	1.9
G-75 超细	10~40	70 000					0.18		0.45
G-100	40~120	4 000~	15~20	48	5	25~100	0.47	24~96	1.2
G-100 超细	10~40	150 000					0.12		0.3
G-150	40~120	5 000~	20~30	72		10~40	0.22	9~36	0.57
G-150 超细	10~40	300 000	18~22				0.05		0.14

* 1 cmH₂O=0.098 kPa。

4. 连接相关仪器

按图 2-3 连接实验仪器与装置。

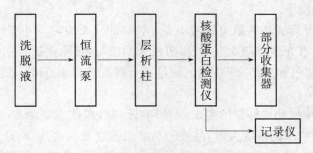

图 2-3 实验仪器与装置连接示意图

5. 蛋白质分离,标准曲线制作

(1) 加样

1) 打开层析柱下端的弹簧夹,将柱内凝胶床面上部多余的液体放出,至距凝胶床面约 1 mm 处,夹住弹簧夹。

2) 取标准蛋白质溶液 2 mL,小心地加到凝胶柱上,打开弹簧夹,使标准蛋白质溶液流入柱内,夹住弹簧夹,上端加入 4～5 cm 高的洗脱液。

(2) 洗脱:层析柱的上口与洗脱液连接,再次打开层析柱下端的弹簧夹开始洗脱。用部分收集器收集,紫外检测仪 280 nm 处检测。或收集后用紫外分光光度计测定每管的 A_{280} 值,以管号(或洗脱体积)为横坐标,A_{280} 值为纵坐标绘出洗脱曲线。以标准蛋白质的 $\lg M_r$ 为横坐标,蛋白质的洗脱体积 V_e 为纵坐标,作出标准曲线。

6. 未知样品 M_r 的测定

取待测蛋白质溶液 2 mL,完全按照制作标准曲线的条件操作(特别要求恒定洗脱流速),根据洗脱峰位置,计算洗脱体积。重复测定 1～2 次,取其平均值,由标准曲线可查得样品的 M_r。

【要点提示】

1. 层析柱必须粗细均匀,柱管大小应根据实际需要选择。一般柱直径(内径)为 1.0～1.5 cm,如果样品量比较多,可用直径为 2.0～3.0 cm 的柱。但要注意直径太小时会发生"管壁效应",即柱管中心部分的组分移动较慢,靠近管壁的组分移动较快,影响分离效果。一般来说,柱越长,分离效果愈好,但柱过长,实验时间长而且样品稀释度大,易扩散,反而影响分离效果。

2. 凝胶溶胀所用的溶液应与洗脱用的溶液相同,否则由于更换溶剂,凝胶体积会发生变化而影响分离效果。

3. 常用的洗脱液有:① 去离子水,多用于分离不带电荷的中性物质;② 酸、碱、盐及缓冲液等电解质溶液,用于分离带电荷基团的样品;③ 去离子水与有机溶剂的混合液(如水-甲醇,水-乙醇,水-丙酮等),用于分离吸附较强的组分,可以减低吸附,将组分洗下。

4. 装柱是分离成功的最关键的一步。装好的柱要均匀,不能有断层或"纹路"、气泡,将柱管对着光照方向观察,若层析柱床不均匀,必须重新装柱(也可用带色的高分子物质如蓝色葡聚糖 2000 或细胞色素 c 等配成 2 mg/mL 的溶液过柱,看色带是否均匀下降)。

5. 样品的浓度和加样量的多少,是影响分离效果的重要因素。样品浓度应适当大,但大分子物质的浓度大时,溶液的黏度也随之变大,会影响分离效果,要兼顾浓度与黏度两方面。加样量和加样体积越少分离效果越好,加样量一般为柱床体积的 1%～2%,制备用量一般为柱床体积的 20%～30%。

6. 流速亦受凝胶颗粒大小影响,凝胶颗粒大时流速较大,但流速过大,常导致洗脱峰形较宽;颗粒小时流速较慢,分离效果较好。在操作时应根据实际需要,在不影响分离效果的情况下,尽可能使流速不致太慢,以免时间过长。

7. 由于葡聚糖凝胶为糖类化合物,并且在液相中操作,应注意防止细菌生长。一般可用 0.02% 的叠氮钠(NaN$_3$)溶液进行防腐。在弱酸性溶液中用 0.05%(或 0.01%～0.02%)三氯叔丁醇溶液、在弱碱性溶液中用 0.01% 乙酸汞溶液防腐消毒。

8. 凝胶用完后可加入防腐剂低温保存。

9. 除本实验使用的相对分子质量标准蛋白质外,还有很多种相对分子质量标准蛋白质可供选用。

【思考题】

1. 凝胶层析法测定蛋白质相对分子质量的原理是什么?

2. 填装层析柱的要点有哪些? 怎样检查层析柱装得是否均匀? 影响层析分离效果的主要因素有哪些?

实验 36　质粒的提取、酶切与电泳分析

【实验目的】

1. 了解质粒提取、酶切的基本原理及分析方法。

2. 学习琼脂糖凝胶电泳的操作技术，掌握高速离心机、微量移液器的使用。

【实验原理】

质粒是一种染色体外的、具有自主复制能力的、共价闭环超螺旋结构的小型 DNA 分子。提取质粒的方法有多种，其中碱裂解法是实验室最常用的方法。在碱裂解法提取质粒的过程中，先用 NaOH 或 KOH 溶液（pH 12.5）裂解细胞，此时大肠杆菌线状染色体 DNA 发生变性，而共价闭环的质粒 DNA 很少变性。当用高浓度的乙酸缓冲液将裂解液的 pH 恢复到中性时，已变性的线形大分子染色体 DNA 缠绕在一起，并在十二烷基硫酸钠（SDS）的作用下形成沉淀，可以通过离心除去，小分子的质粒 DNA 保留在溶液中。离心后的上清液，可用酚、氯仿等处理除去杂蛋白，再用乙醇沉淀出质粒 DNA。细胞中的 RNA 可以通过 RNA 酶降解的方式除去。纯化的质粒可以通过琼脂糖凝胶电泳方法进行鉴定。

本实验选用的质粒为重组过的 pBS 质粒，*Eco*R Ⅰ 在此质粒上有两个酶切位点（插入子通过 *Eco*R Ⅰ 位点重组到 pBS 质粒中），酶切后为 800 bp（插入子）和 2 700 bp（载体）的两条 DNA 片段（图 2-4）。将酶切、不酶切的重组质粒及标准 DNA 标志物同时进行琼脂糖凝胶电泳分析，效果较好。

f1(+)ori（噬菌粒复制起点）：135-441
lac Z（β-半乳糖苷酶 α-片段）：460-816
MCS（多克隆位点）：653-760
P lac（luc启动子）：817-938
pUC ori（质粒复制起点）：1158-1825
ampicillin（青霉素抗性基因开放读码框）：1976-2233

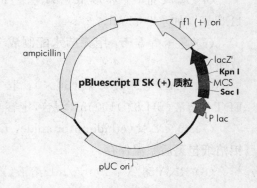

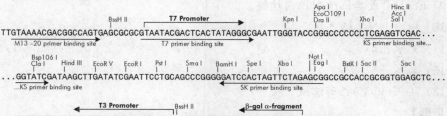

图 2-4 pBS 质粒图谱

【器材与试剂】

1. 器材

超净工作台、高压灭菌锅、高速台式离心机、各种规格微量移液器及 Tip 头、EP 管、封口膜电泳仪及核酸电泳槽、紫外透射仪。

菌种：大肠杆菌 DH5α。

质粒：pUC，pBS 或其他类型质粒。

2. 试剂

(1) 培养基

1) LB 液体培养基：将胰蛋白胨 10 g、酵母提取物 5 g、NaCl 5 g，1 mol/L NaOH 1 mL 溶于 1 000 mL 去离子水中。临用时加入氨苄青霉素(ampicillin，AP)，使其终浓度为 0.1 mg/mL。

2) LB 固体培养基：上述 LB 液体培养基配方，在 1 000 mL 中加入琼脂 15 g。

(2) 溶液 I (溶菌溶液)：50 mmol/L 葡萄糖、25 mmol/L Tris - HCl (pH 8.0)、10 mmol/L EDTA - Na$_2$，高压灭菌，4℃ 保存备用。

(3) 溶液 II (裂解溶液，现用现配)：0.2 mol/L NaOH - 1%(m/V)SDS 溶液，可先配成 0.4 mol/L NaOH 和 2%(m/V)SDS 溶液，临用时 1∶1 混合。

(4) 溶液 III (中和溶液，pH 4.8)：取 5 mol/L KAc 溶液 60 mL、冰醋酸 11.5 mL，加水 28.5 mL。

(5) 氨苄青霉素：用无菌水配制成 100 mg/mL 溶液，置－20℃ 冰箱，可保存数周。

(6) TAE 电泳缓冲液(50×)：取 Tris 242 g、冰醋酸 57.1 mL、0.5 mol/L EDTA 溶液(pH 8.0)100 mL 混合，定容至 1 000 mL 即成。

(7) 溴化乙锭(ethidium bromide，EB)储备液：10 mg/mL 水溶液，棕色瓶或铝箔纸包裹后室温保存。

(8) RNA 酶 A：10 mg/mL 溶液(置－20℃ 冰箱可用数周)。

(9) EcoR I 或其他限制性内切酶。

(10) 标准 DNA 标志物。

(11) 无水乙醇。

(12) 氯仿。

(13) 70%(V/V)乙醇溶液。

【实验步骤】

1. 质粒的提取

(1) 将大肠杆菌 DH5α(pBS 质粒)接种在含有抗生素的 LB 液体培养基中，

37℃振荡培养 16~18 h。

(2) 取菌液 1.5 mL 加到 2 mL EP 管中,室温下 10 000 r/min 离心 1 min,用一次性吸头除去上清液。

(3) 在沉淀上再加 1.5 mL 菌液,离心除上清液。

(4) 加入预冷的溶液Ⅰ 100 μL,用旋涡混合器将菌体重新悬起分散。

(5) 加入新配制的溶液Ⅱ 100 μL,缓慢颠倒 EP 管约 5 次,混合内容物,冰浴 5 min。

(6) 加入预冷的溶液Ⅲ 150 μL,快速缓和地颠倒 EP 管约 5 次,使黏稠的细菌裂解物均匀分散在溶液中。冰浴 5 min,室温下 10 000 r/min 离心 15 min。

(7) 仔细地将上清液转移到另一个 EP 管中(注意:一定不能将漂浮物和沉淀物取出)。

(8) 向回收的上清液中加入等体积氯仿,振荡混匀,10 000 r/min 离心 5 min。

(9) 仔细地将上清液转移到另一个 EP 管中(注意:一定不能将下层的氯仿取出)。

(10) 重复步骤(8)~(9)。

(11) 加入 2 倍体积预冷的无水乙醇[此时乙醇浓度约为 70%(V/V)],颠倒 EP 管数次,在冰箱(-20℃)中放置 20 min,10 000 r/min 离心 2 min,弃上清液。

(12) 加入 70%(V/V)乙醇 1 mL,轻轻转动 EP 管,洗去管壁上的盐。再次于 10 000 r/min 离心 2 min,仔细弃净上清液,将 EP 管倒置于吸水纸上,尽量控干液体,晾干后即获得纯化的质粒 DNA。质粒 DNA 可长期保存于-20℃的冰箱中。

2. 质粒的酶切

加入无菌重蒸水 20 μL,使质粒溶解,然后分做两份,一份加入限制性内切酶(EcoRⅠ)做酶切,另一份作对照(不酶切)。

试 剂	酶 切 体 系	
	酶 切	对 照
质粒 DNA 溶液/μL	10	10
10 × 缓冲液/μL	2	0
EcoRⅠ/μL	2	0
RNA 酶/μL	2	2
水/μL	4	8
总体积/μL	20	20

加入顺序为：水→RNA 酶→缓冲液→$EcoR$ Ⅰ。将 2 份样品同时放入 37℃温箱,酶切1～2 h。

3. 电泳分析

(1) 用电泳缓冲液(1×TAE)配制 0.8%～1.2%(m/V)琼脂糖溶液 40 mL,置 100 mL 三角瓶中,微波炉反复加热熔化至液体透明。待温度降至约 60℃时,加入 EB 溶液(终浓度 0.5 μg/mL)3 μL,混匀,倒入电泳槽制胶板中,迅速插入样品槽梳子。待琼脂糖完全冷却凝固后(约 30 min),拔出样品槽梳子。

(2) 将制胶板放入电泳槽,样品穴在阴极端。向电泳槽中加入电极缓冲液(没过凝胶约 1 mm)。

(3) 在一次性封口膜上分加 2 份 3 μL 上样缓冲液,取酶切、对照样品各 20 μL 分别与之混匀,再取 20 μL 分别加到相邻的样品穴中(每一块胶可加一份 DNA 标志物作为标准)。

(4) 盖上电泳槽盖,正确连接电极,开始电泳。电压 50～100 V(按两极间的距离 1～5 V/cm),电泳 30 min～1 h。

(5) 电泳完毕,切断电源。戴手套取出凝胶板,在紫外透射仪下观察 DNA 区带,鉴定分离的 DNA。

【要点提示】

1. 溶液 Ⅰ 的生化作用原理:葡萄糖可以增加溶液的黏度,维持渗透压,防止 DNA 受机械剪切力的作用而降解。Ca^{2+}、Mg^{2+} 等金属离子是 DNA 酶的辅助因子,EDTA 可络合 Ca^{2+}、Mg^{2+} 等金属离子,抑制 DNA 酶对 DNA 的降解作用。

2. 溶液 Ⅱ 的生化作用原理:SDS 是离子型表面活性剂,它可溶解细胞膜上的脂质和蛋白质,破坏细胞膜,解聚细胞中的核蛋白,能与蛋白质及核酸结合成复合物而沉淀。提取质粒时加入 NaOH 可使体系的 pH 高达 12.6,核酸双链间的氢键易断裂,使染色体 DNA 和质粒 DNA 变性。

3. 溶液 Ⅲ 的生化作用原理:高浓度的乙酸盐缓冲液,将体系的强碱性调至中性,使变性的质粒 DNA 能够复性并稳定存在,同时有利于变性的大分子染色体 DNA、RNA、SDS-蛋白质复合物形成较小的钠盐复合物而沉淀。

4. 加入溶液 Ⅱ 后的处理时间不可过长,否则质粒 DNA 可发生不可逆的变性而导致内切酶切割困难及 EB 染色效率低。

5. 每一次离心后的处理必须特别仔细,勿将杂质带入下一步! 需要上清液时,严禁取出漂浮物及下部的沉淀;需要沉淀时,一定要将上清液去净。

6. 不可忽视酶切体系的混匀。可用手指轻弹 EP 管底部或用移液器反复吸打,使体系充分混匀,然后快速短暂离心,使吸附在管壁上的液滴被甩至底部。

7. EB 是强诱变剂,中等毒性,操作时应小心,戴一次性手套。

8. DNA 电泳的琼脂糖凝胶浓度的选用应该根据 DNA 大小来决定(见下表)。

凝胶浓度(m/V)/%	线性 DNA 碱基/bp
0.5	1 000~30 000
0.7	800~12 000
1.0	500~10 000
1.2	400~7 000
1.5	200~3 000
2.0	50~2 000

【思考题】

1. 哪些步骤本实验的关键步骤?

2. 如果质粒不能被内切酶切开,分析可能的原因。

实验 37 聚合酶链反应

【实验目的】

1. 学习聚合酶链反应的原理。

2. 掌握聚合酶链反应扩增 DNA 的操作方法。

【实验原理】

聚合酶链反应(polymerase chain reaction,PCR)是 20 世纪 80 年代后期由穆利斯(Mullis)等建立的一种体外酶促扩增特异 DNA 片段的技术。PCR 是利用针对目的基因所设计的一对特异寡核苷酸引物,以目的基因为模板进行的 DNA 体外合成反应。由于反应循环可进行一定次数,所以在短时间内即可扩增获得大量的目的基因(图 2-5)。PCR 技术具有灵敏度高、特异性强、操作简便等特点。虽然 PCR 技术也存在出错倾向高、产物大小受到限制和必须先有目标 DNA 序列等缺点,但仍被誉为 20 世纪分子生物学研究领域最大的发明之一。穆利斯也因贡献卓著而获得 1993 年度诺贝尔奖。

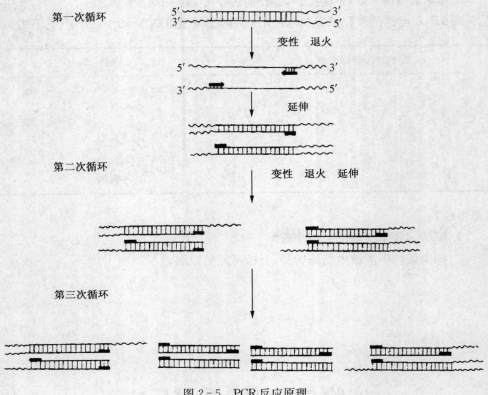

图 2-5　PCR 反应原理

PCR 是由变性 → 退火 → 延伸三步基本反应经多次循环而完成的(图 2-5)。

1. 变性

加热至 90～96℃时,模板 DNA 双螺旋的氢键断裂,双链解链,形成单链 DNA。

2. 退火

当温度突然降低至 25～65℃时,模板 DNA 与引物按碱基互补配对原则结合,此时也存在两条模板链之间的结合,但由于引物的高浓度、结构简单等特点,使主要的结合发生在模板与引物之间。

3. 延伸

70～74℃时,在 TaqDNA 聚合酶和 4 种脱氧核糖核苷三磷酸底物及 Mg^{2+} 存在的条件下,以引物 3′端为起始点,沿着互补的单链模板进行 DNA 链延伸反应。

以上三步为一个循环,每一个循环的产物可以作为下一个循环的模板。因此扩增产物的量以指数方式增加。通常经 25～30 次可扩增目的片段约 10^5 倍,这个量可以满足分子生物学研究的一般要求。

【器材与试剂】

1. 器材

PCR 自动扩增仪、电泳仪、电泳槽、紫外检测仪、台式高速离心机、可调式移液器($0.1\sim2.5~\mu L$、$0.5\sim10~\mu L$、$2\sim20~\mu L$ 各 1 支)，与移液器相配的 Tip 头，$0.2~mL$ 或 $0.5~mL$ 的 EP 管。

2. 试剂

(1) 模板：用合适方法制备模板 DNA。

(2) 引物：DNA 合成仪合成后，经纯化、定量，无菌去离子水或三蒸水配制成 $10\sim50~\mu mol/L$ 的溶液。

(3) Taq DNA 聚合酶。

(4) dNTP 混合物溶液(dATP、dCTP、dGTP、dTTP 各 $2.5~mmol/L$)。

(5) PCR 反应缓冲液。

(6) 琼脂糖。

(7) 溴乙锭(EB)染色贮液($10~mg/mL$)。

【实验步骤】

1. 制备底物溶液

按顺序在 $0.5~mL$ EP 管中加入下列试剂：

双蒸水	$12.5~\mu L$
PCR 反应缓冲液	$2.5~\mu L$
dNTP 混合物溶液	$2~\mu L$
引物 A	$2~\mu L$
引物 B	$2~\mu L$
模板 DNA	$2~\mu L$
Taq DNA 聚合酶	$2~\mu L$

Tip 头吸打数次混匀后稍离心。

2. PCR 扩增

$95℃$、$4~min$ → [($95℃$、$30~s$，$60℃$、$60~s$，$72℃$、$60~s$)30 个循环] → $72℃$、$7~min$ → $4℃$(保存)

3. 电泳鉴定

取 $10~\mu L$ PCR 产物，用 $1\%(m/V)$ 琼脂糖凝胶(含终浓度约为 $0.5~\mu g/mL$ 的 EB)进行电泳鉴定。

【要点提示】

PCR 方法操作简便，但影响因素较多，欲得到好的反应结果，需根据不同的

DNA 模板摸索最适条件。主要影响 PCR 结果的因素如下。

（1）模板：单、双链 DNA 都可以作为 PCR 的模板，若起始材料是 RNA，须通过逆转录得到第一条 cDNA，以其为模板进行 PCR。虽然 PCR 可以仅用极微量的样品(甚至是来自单一细胞的 DNA)，但是为了保证反应的特异性，一般推荐使用纳克量级的克隆 DNA，微克水平的染色体 DNA 或 10^4 拷贝的待扩增片段来做起始材料。原料可以是粗制品，但不能混有任何蛋白酶、核酸酶、TaqDNA 聚合酶抑制剂以及能结合 DNA 的蛋白，因此 DNA 样品纯度要尽可能高。

（2）退火温度：一般设定比理论 T_m 低 5℃，提高退火温度会增加扩增的特异性。

（3）对照实验：PCR 灵敏度高，被检样品极易被污染，PCR 实验主要存在以下几种污染：① 标本间交叉污染；② PCR 试剂的污染；③ PCR 扩增产物污染；④ 实验室中克隆质粒的污染；⑤ 实验室中气溶胶的污染。

所以在进行 PCR 实验的时候一定要设置阴性对照实验。阴性对照实验的方法之一是不加入模板(用水代替)，其他试剂应完全相同。

【思考题】

1. 理论上，通过本次实验模板基因被扩增了多少倍？
2. 如何设计 PCR 阴性对照实验？

实验 38　蛋白质印迹法(Western-Blotting)

【实验目的】

1. 学习蛋白质印迹法的基本原理。
2. 掌握蛋白质印迹法的操作技术。

【实验原理】

蛋白质印迹法是把电泳分离的蛋白质转移到固定基质上，然后利用灵敏的抗原抗体反应来检测特异性的蛋白质分子的技术。蛋白质印迹法包括三部分实验：SDS-聚丙烯酰胺凝胶电泳、蛋白质的电泳转移、免疫印迹分析。

1. SDS-聚丙烯酰胺凝胶电泳(SDS-PAGE)

SDS-PAGE 作为 PAGE 的一种特殊形式，主要用于测定蛋白质相对分子质量,其基本原理如下。

十二烷基硫酸钠(SDS)是阴离子去污剂,它能断裂蛋白质分子内和分子间的氢键,使分子去折叠,破坏其高级结构。另外,它可与蛋白质结合形成蛋白质-SDS复合物。SDS 与大多数蛋白质的结合比为 1.4 g : 1 g,SDS 带大量负电荷,当其与蛋白质结合时,所带的负电荷大大超过了蛋白质原有的电荷量,因而掩盖或消除了不同种类蛋白质间原有的电荷差别,使各种蛋白质带有相同密度的负电荷。蛋白质-SDS 复合物在水溶液中的形状近似于雪茄烟形的长椭圆棒,不同的蛋白质-SDS 复合物的短轴长度都一样,约为 1.8 nm,但长轴的长度与亚基相对分子质量的大小成正比。综合以上两点,蛋白质-SDS 复合物在电泳凝胶中的迁移率不再受蛋白质原有电荷和分子形状的影响,而只与椭圆棒长度(即蛋白质相对分子质量)有关。SDS - PAGE 中蛋白迁移率与蛋白质相对分子质量的对数呈线性关系,因此,利用相对分子质量标准蛋白质所作的标准曲线,可以得出未知蛋白质的相对分子质量。

2. 蛋白质的电转移

SDS - PAGE 有很好的分辨率和广泛的应用,但进一步对胶上蛋白质进行免疫检测分析会受到限制,因为电泳后大部分蛋白质分子被嵌在凝胶介质中,探针分子很难通过凝胶孔到达它的目标分子,如果将蛋白质从凝胶转移到固定基质上可以克服这些问题。

常用的蛋白质转移为电转移。方法有两种:① 水平半干式转移。将凝胶和固定基质似"三明治"样夹在缓冲液润湿的滤纸中间,通电 10~30 min 可完成转移。② 垂直湿式转移。将凝胶和固定基质夹在滤纸中间,浸在转移装置的缓冲液中,通电 2~4 h 或过夜可完成转移。其中水平半干式转移节省缓冲液而且转移时间短,是目前常用的方法。

固定基质通常有硝酸纤维素膜(NC 膜)、聚偏二氟乙烯膜(PVDF)和尼龙膜。其中 NC 膜是最先被用于蛋白质印迹的转移介质,至今仍被广泛使用。

3. 蛋白质印迹分析

蛋白质转移到固定化膜上以后,可以通过丽春红 S 等蛋白质染料来检测膜上的总蛋白,验证转移是否成功。但若想检测出其中的抗原蛋白,则须用抗体作为探针来进行特异性的免疫反应,这种方法称为免疫印迹分析。典型的免疫印迹分析实验包括 4 个步骤(图 2-6)。

(1)封阻:用非特异性、非反应活性分子封阻固定化膜上未吸附蛋白质的自由结合区域,以防止作为探针的抗体结合到膜上,出现检测时的高背景。

(2)靶蛋白与一抗的反应:固定化膜用专一性的一抗温育,使一抗与膜上的抗

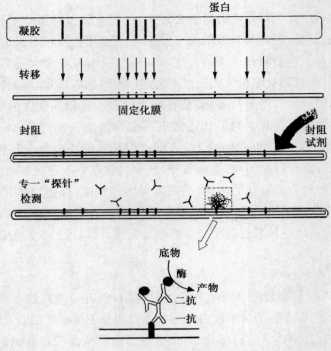

图 2-6   蛋白质印迹法示意图

原蛋白分子特异性结合。

(3) 酶标二抗与一抗的特异性结合。

(4) 显色:加入酶底物,适当保温后,膜上产生可见的、不溶解的颜色反应,抗原蛋白区带被检测出来。

【器材与试剂】

1. 器材

垂直板电泳槽、电泳仪、真空干燥器、真空泵、水平半干式转移装置或垂直湿式转移装置、水平摇床、移液器、移液管、微量加样器、细长头滴管、培养皿(直径为 12~16 cm)、烧杯、剪刀、镊子、刀片、NC 膜、滤纸、乳胶手套。

2. 试剂

(1) SDS-PAGE 试剂

1) 低相对分子质量标准蛋白质。

2) 凝胶贮存液[30%(m/V)]:称取丙烯酰胺(Acr)29.2 g 和甲叉双丙烯酰胺(Bis)0.8 g,溶于重蒸水,并定容至 100 mL。滤去不溶物,滤液置棕色试剂瓶中,

4℃冰箱保存。

3）分离胶缓冲液：三羟甲基氨基甲烷（Tris）18.15 g溶于约80 mL重蒸水中，用1 mol/L HCl调pH至8.8；然后取SDS 0.4 g溶于此缓冲液，定容至100 mL，4℃冰箱保存。

4）浓缩胶缓冲液：Tris 6.0 g溶于约60 mL重蒸水中，用1 mol/L HCl调pH至6.8。然后取SDS 0.4 g溶于此缓冲液，定容至100 mL，4℃冰箱保存。

5）2×样品溶解液：62.5 mmol/L Tris-HCl，pH 6.8，2%（m/V）SDS、5%（m/V）β-巯基乙醇、10%（m/V）甘油、0.01%（m/V）溴酚蓝。

6）电泳缓冲液：取25 mmol/L Tris 3.0 g、192 mmol/L甘氨酸14.4 g、0.1%（m/V）SDS 1.0 g，溶于重蒸水并定容至1 000 mL（pH8.3）。

7）10%（m/V）过硫酸铵（APS）溶液：过硫酸铵1.0 g，加重蒸水至10 mL，现配现用。

8）N,N,N',N'-四甲基乙二胺（TEMED），避光保存。

9）染色液［0.1%（m/V）考马斯亮蓝R-250］：称取考马斯亮蓝R-250 0.25 g溶于125 mL甲醇，再加入冰醋酸25 mL和蒸馏水100 mL至总体积250 mL。

10）脱色液：甲醇25 mL、冰醋酸25 mL和蒸馏水200 mL混合。

（2）蛋白质的电转移试剂

1）水平半干式转移：① 阳极转移液。电泳缓冲液：甲醇：重蒸水=7：2：1比例配制；② 阴极转移液。电泳缓冲液：重蒸水=1：9比例配制。

2）垂直湿式转移缓冲液：25 mmol/L Tris、192 mmol/L甘氨酸、20%（m/V）甲醇。

（3）蛋白质印迹分析试剂

1）10×TBS缓冲液：取0.2 mol/L Tris 24.2 g、0.68 mol/L NaCl 40.0 g溶于800 mL重蒸水，用1 mol/L HCl调pH至7.6，然后定容至1 000 mL。灭菌后室温放置，用前稀释10倍。

2）丽春红S染色液：取丽春红S 0.2 g、三氯乙酸3.0 g和磺基水杨酸3.0 g，溶于蒸馏水并定容至100 mL。

3）丽春红S脱色液：取NaCl 0.8 g、KCl 0.02 g、$Na_2HPO_4 \cdot 12H_2O$ 0.25 g、KH_2PO_4 0.02 g、Tween-20 0.1 mL，溶于蒸馏水并定容至100 mL。

4）阻断液：牛血清清蛋白（BSA）溶于TBS缓冲液至浓度为3%（m/V）。

5）漂洗液：Tween-20溶于TBS缓冲液至浓度为1%（m/V）。

6）一抗。

7）酶标二抗。

8)显色液(新鲜配制):称取二氨基联苯胺(DAB)60 mg,溶于 90 mL 0.01 mol/L Tris - HCl(pH 7.6)缓冲液中,加 0.3%(m/V)CoCl$_2$ 溶液 10 mL,过滤除去沉淀,临用前加 30%(m/V)H$_2$O$_2$ 溶液 100 μL。

【实验步骤】

1. SDS - PAGE

(1)安装垂直板电泳槽:参照产品说明书安装电泳槽。

(2)SDS -不连续体系凝胶板的制备

1)分离胶的制备:依据下表配制 19.47 mL 12.5%(m/V)浓度的分离胶。

试 剂	电 泳 胶	
	12.5%(m/V)分离胶	5.5%(m/V)浓缩胶
凝胶贮存液/mL	8.08	2.73
分离胶缓冲液/mL	4.86	—
浓缩胶缓冲液/mL	—	3.75
双蒸水/mL	6.46	8.52
TEMED/mL	0.02	0.03
	抽气 5 min	
APS 溶液/mL	0.05	0.20
总体积/mL	19.47	15.23

将配制好的分离胶液混匀后迅速倒入胶槽中,待胶液加至距短玻璃板顶端约 2 cm 处,停止灌胶。检查是否有气泡,若有气泡用滤纸条吸出。然后在胶液界面上小心加入蒸馏水进行水封。15～30 min 后,凝胶和水封层界面清晰,说明胶已聚合完全。待分离胶聚合完全后,用滤纸吸去水封层,注意滤纸勿接触到凝胶面。

2)浓缩胶的制备:按上表配制 15.23 mL 5.5%(m/V)浓度的浓缩胶。

将配制好的浓缩胶灌注在分离胶之上,直至短玻璃板的顶端,插入样品槽梳子。室温下浓缩胶的聚合需要 20～30 min。

(3)蛋白质样品的处理:未知蛋白质样品溶于样品溶解液,终浓度为 0.5～1 mg/mL。然后转移到带塞小离心管中,轻轻盖上盖子(不要塞紧,以免加热时液体迸出),在 100℃沸水浴中加热 3 min,取出冷却后备用。如果处理好的样品暂时不用,可以放在－20℃冰箱中长期保存,使用前在 100℃沸水浴中加热 3 min,以除去亚稳聚合态物质。

(4)加样:小心拔去样品槽梳子,倒入电极缓冲液,缓冲液应没过短板约 0.5 cm 以上,若样品槽中有气泡,可用注射器针头挑出。用微量加样器按顺序向凝胶样品槽中加入标准蛋白质和未知蛋白质样品,一般加样体积为 10～30 μL。加样时,将微量注射器的针头通过电极缓冲液伸入加样槽内,尽量接近底部(注意针头勿碰破凹形胶面),轻轻推动微量注射器,注入样品。由于样品溶解液中含有比重较大的甘油,因此样品溶液会自动沉降在凝胶表面形成样品层。注意记录蛋白质样品的顺序。

（5）电泳:加样完毕,上槽接阴极,下槽接阳极,打开直流稳压电源,设定电压为 100 V,待溴酚蓝指示剂迁移到距凝胶下沿 1 cm 时停止电泳。

2. 样品的电转移

（1）水平半干式转移

1）准备滤纸:戴乳胶手套裁剪滤纸 6 张,滤纸长与宽比 SDS - PAGE 胶各大 1 cm。

2）裁剪与 SDS - PAGE 胶长宽相等的 NC 膜。

3）将 3 张滤纸和电泳完毕的 SDS - PAGE 凝胶浸在阴极转移液中待用。

4）将另 3 张滤纸和 NC 转移膜浸在阳极转移液中待用。

5）按图 2 - 7 所示,将步骤 3）中的滤纸取出,尽量少带液体,置于转移槽阴极上(下方的石墨电极板上),然后在阴极滤纸上依次铺放 SDS - PAGE 凝胶、NC 膜、3 张用阳极转移液饱和的滤纸。要注意排除凝胶和湿滤纸、NC 膜和凝胶、湿滤纸和 NC 膜之间的所有气泡,因为气泡会产生高阻抗点,形成低效印迹区,即所谓"秃斑"。

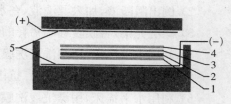

图 2 - 7　水平半干式电转移装置

1. 滤纸；2. 凝胶；3. NC 膜；
4. 滤纸；5. 电极

6）盖上石墨阳极板(上极),设定 50 mA 恒流,转移 15 min(6 cm×8 cm SDS - PAGE 凝胶的工作条件)。

（2）垂直湿式转移

1）凝胶片的平衡:把上述 SDS - PAGE 分离后的凝胶从玻璃板上小心地转移至盛有适量转移缓冲液的大培养皿中,浸泡 30～60 min,以除去胶中的 SDS,使其pH 及离子强度和印迹缓冲液相一致,防止凝胶可能发生膨胀或皱缩。

2）将转移缓冲液冷却至 4℃。

3）准备 NC 膜和滤纸:戴乳胶手套裁剪大小与需要印迹的凝胶大小相同的NC 膜和 4 张滤纸。用转移缓冲液浸润膜和滤纸 15 min,直到没有气泡。

4）将海绵在转移缓冲液中充分浸湿。

5）打开蛋白质转移槽的转移夹,依次放入：① 浸湿的海绵；② 两张用转移缓冲液饱和的滤纸；③ 用转移缓冲液浸泡过的胶；④ NC 膜；⑤ 两张用转移缓冲液饱和的滤纸;⑥ 浸湿的海绵。然后小心地合上转移夹(上述操作中的注意事项见半干式转移)。

6) 转移槽中倒入转移缓冲液,然后将转移夹垂直置于槽中,凝胶靠近阴极,NC 膜靠近阳极。

7) 将转移槽放到 4℃冰箱内,接通电源。

8) 电转移条件:恒流 80 mA,4 h。

3. 免疫印迹分析

(1) NC 膜上总蛋白的染色和脱色:电泳转移完毕,用镊子小心取出 NC 膜,放置于培养皿中。用丽春红 S 染色 3 min 后,用铅笔轻轻标出标准蛋白质带的位置,以备计算特异性蛋白质相对分子质量所需。然后,用丽春红 S 脱色液轻轻漂洗数次至红色消失。

(2) 特异性抗体检测

1) 脱色后的 NC 膜置于培养皿中,加入阻断液,并在水平摇床上不断振摇,室温下封闭 2 h 以上。

2) 倒出阻断液,加入漂洗液,在水平摇床上不断振摇,洗膜 3 次,每次 5 min。

3) 漂洗完毕,将膜转移到稀释的特异性一抗中,室温放置 2 h。

4) 利用水平摇床,用漂洗液洗膜 3 次,每次 5 min。

5) 将膜转移到稀释的酶标二抗中,在室温下孵育 30 min。

6) 利用水平摇床,用漂洗液洗膜 3 次,每次 5 min。

7) 用显色液显色,到显色清晰时,用蒸馏水终止反应。注意控制好显色时间,过短可能检测不到信号,而过长会引起高背景。

8) 用吸水纸吸干膜上水分,避光干燥保存。

【要点提示】

1. SDS - PAGE 要点

(1) 制备凝胶应选用高纯度的试剂,否则会影响凝胶聚合与电泳效果。

(2) 据未知样品的估计相对分子质量选择凝胶浓度,不同浓度的凝胶用于分离不同相对分子质量的蛋白质(详见下表)。

蛋白质相对分子质量范围	适用的凝胶浓度$(m/V)/\%$
$<10^4$	20～30
$1\times10^4\sim4\times10^4$	15～20
$4\times10^4\sim1\times10^5$	10～15
$1\times10^5\sim5\times10^5$	5～10
$>5\times10^5$	2～5

（3）蛋白质液体中的β-巯基乙醇为强还原剂，能还原二硫键，使蛋白质解离成亚基。因此，对于多亚基蛋白或含多条肽链的蛋白，SDS-PAGE只能测定它们的亚基或单条肽链的相对分子质量。

（4）不是所有的蛋白质都能用SDS-PAGE测定其相对分子质量。已发现电荷异常或构象异常的蛋白质、带有较大辅基的蛋白质（如某些糖蛋白）以及一些结构蛋白（如胶原蛋白等）用这种方法测定出的相对分子质量是不可靠的。

2. 蛋白质的电泳转移实验要点

（1）固定化膜的选择是影响电转移效率的重要因素。固定化膜种类比较多，不同的膜与蛋白质的结合效率不同，对免疫印迹分析的灵敏度和背景信号影响也很大。PVDF膜在用于蛋白质印迹时，载样量大，灵敏度和分辨率都较高，蛋白质转移到PVDF膜后可以直接进行蛋白质微量序列分析。但与NC膜相比价格昂贵。

（2）电场强度不同、蛋白质种类不同，需要的转移时间也不同。电转移的效果可以通过以下方法检查：① 对电转移后的凝胶染色，检查是否还有蛋白质存留；② 染色NC膜，检查是否吸附了蛋白质；③ 电转移时将两片NC膜叠放，转移后染色，检查是否有蛋白质穿过第一层膜，吸附在第二层膜上。

（3）如检测大分子质量蛋白质，应该使用低浓度的SDS-PAGE，这样可以提高蛋白质电转移的效率。

3. 免疫反应实验要点

（1）用于NC膜上总蛋白染色的染料很多，如丽春红S、印度墨水、氨基黑和胶体金等，其中丽春红S染色十分方便，因为丽春红S染色是短暂可逆的，染色后很容易褪色，不影响随后的免疫显色反应。

（2）实验中若发现背景过高，可以用以下方法解决：① 延长NC膜封阻时间；② 使用更有效的阻断剂，如卵清蛋白、脱脂奶粉、明胶和其他动物的血清等；③ 降低一抗和二抗工作浓度。

（3）抗体的浓度对实验结果影响比较大。可根据一抗和酶标二抗的效价，调整抗体的使用浓度。

（4）二抗的种类很多，目前常用的酶标二抗有：碱性磷酸酶（AP）标记IgG、辣根过氧化物酶（HRP）标记IgG、AP或HRP标记Biotin-Avidin复合体系、酶标Protein A或Protein G体系以及^{125}I标记IgG等。复杂的体系具备较高的灵敏度，但可能产生非特异性反应，可根据印迹要求进行选择。

（5）针对不同的酶标体系要使用不同的显色底物，如AP底物为NBT/BCIP，HRP底物为DAB。目前还有化学发光底物，灵敏度非常的高，许多实验已经开始使用。

(6) 蛋白质印迹分析中必须设计对照实验,严格鉴别假阳性反应。具体方法是使用免疫前血清为阴性对照;如果使用单克隆抗体,应该以无关的单克隆抗体为阴性对照,同时要以抗原为绝对的阳性对照,准确确定阳性条带的位置。

【思考题】

1. 简述 SDS - PAGE 测定蛋白质相对分子质量的原理。

2. 综合分析影响 NC 膜上特异性谱带检测结果的因素。

3. 如何严格地设计蛋白质印迹中的对照实验?如何判断假阳性?

第三部分

研究性实验

实验 39　转基因植物的 PCR 鉴定

【研究背景】

随着基因工程技术的广泛应用,越来越多的转基因植物问世。转基因植物的生物安全问题悬而未决,转基因植物的鉴定也成为食品和环境安全的重要任务。PCR 技术是快速鉴定转基因植物的一种有效方法。本实验的研究任务是设计一套实验方案,以转基因植物和天然植物为实验材料,运用双盲实验,验证所设计实验方案的可行性。

【研究策略】

转基因植物与天然植物外观上难以区别,但转基因植物染色体上整合了外源基因,用 PCR 方法鉴定转基因植物就是检测植物染色体上是否含有外源基因。可以鉴别的外源基因有三类:① 导入的外源目的基因;② 驱动外源目的基因的启动子(如 35S CaMV);③ 整合到植物染色体上的选择标记基因(如 *NPT II*,*bar*,*HPT*)。

【推荐方案】

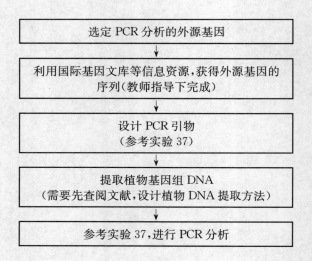

```
选定 PCR 分析的外源基因
        ↓
利用国际基因文库等信息资源,获得外源基因的
序列(教师指导下完成)
        ↓
设计 PCR 引物
(参考实验 37)
        ↓
提取植物基因组 DNA
(需要先查阅文献,设计植物 DNA 提取方法)
        ↓
参考实验 37,进行 PCR 分析
```

【研究任务】

1. 根据植物材料,选定 PCR 分析的外源基因,设计相应的 PCR 引物。

2. 由教师提供转基因植物和天然对照植物,进行 PCR(双盲)分析。

【参考建议】

1. 设计本实验前,需要阅读一些有关书籍与文献,掌握基因工程基本知识。
2. 植物基因组 DNA 的提取方法很多,请酌情选用。
3. 参考实验 37,逐步优化 PCR 工作条件。
4. 足够的实验群体,加上双盲实验,可以更客观地评价实验方案的可靠性。

实验 40 植物热激蛋白的蛋白质印迹分析

【研究背景】

蛋白质的表达不但具有时空性,而且还具有环境应答的特异性。分析某种蛋白质的表达变化,常用的方法是蛋白质印迹法。植物受到高温胁迫,将表达热激蛋白,热激蛋白具有分子伴侣功能,可以阻止蛋白质高温变性,并修复变性蛋白质,提高细胞的抗热性。测定热激蛋白表达的临界温度,是研究热激蛋白的基础工作。

【研究策略】

用不同的温度处理植物(相同的处理时间),然后取样分析。

【推荐方案】

盆栽某种植物
↓
用不同的温度处理植物
↓
提取叶蛋白
↓
SDS-PAGE
↓
蛋白质印迹

【研究任务】

测定热激蛋白表达的临界温度。

【参考建议】

1. 测试温度可以选择 30～40℃，每隔 2℃设定热处理温度。

2. 蛋白质提取方法很多，建议查阅资料后，选用最简捷的方法。

3. 热激蛋白抗体可以自制或购买成品，HSP70、HSP60 和小分子热激蛋白都是很好的研究对象。

4. 蛋白质印迹法可以参考实验 38，并酌情改动实验条件。

实验 41　阅读框影响融合蛋白表达正确性

【研究背景】

利用基因工程方法表达融合蛋白，首先要考虑的是如何正确地构建嵌合基因。要正确构建嵌合基因，关键是嵌合（连接）部位不能出现移码现象。要避免嵌合基因连接的错误，事先应该十分周密地设计，构建的载体还需要经过 DNA 测序来验证阅读框正确与否。另一种验证方法是检测表达的蛋白质相对分子质量与理论预测是否相符，因为错误的阅读框中终止子出现的或早或晚（与终止子出现的正确位置相比），常常造成表达蛋白质相对分子质量异常。

亲和层析法是根据配体和配基特异结合原理，对需分离的物质进行高效纯化的方法，它具有分辨率高、操作步骤少、样品活力不易丧失等优点，因此被广泛用于分离纯化蛋白质。例如，谷胱甘肽对谷胱甘肽 S－转移酶（GST）的亲和力很强，将谷胱甘肽固化于琼脂糖即形成亲和树脂，谷胱甘肽琼脂糖可以选择性地结合 GST。如果利用基因工程方法，构建 GST 与目的蛋白的融合基因，即可以产生 GST 融合蛋白，由于谷胱甘肽琼脂糖对融合蛋白中的 GST 仍然有亲和力，因此可以非常方便地纯化 GST 融合蛋白，达到 GST 与目的蛋白共纯化的目的。

【研究策略】

利用 pGEX 系列融合蛋白表达载体（如使用 pGEX－5X－1，pGEX－5X－2、pGEX－5X－3 三种阅读框的表达载体），在多克隆位点处（MCS），连接某一目的基因，形成三种阅读框的融合蛋白表达载体；通过原核基因工程，表达三种融合蛋白，然后利用谷胱甘肽琼脂糖亲和介质,纯化融合蛋白,SDS - PAGE 分析纯化的蛋白质的相对分子质量,判断正确的阅读框。

【推荐方案】

> pGEX 载体构建,教师指导完成或由教师提供
> 已经构建的 pGEX 融合蛋白表达载体

> 转化大肠杆菌 DE3 菌株

> 挑取重组菌落,置于 2 mL 含氨苄青霉素的 LB
> 培养液中,37℃ 振荡培养至浑浊(3 ~ 5 h)

> 加入 IPTG 至终浓度为 1 mmol/L,继续保温
> 培养 1 ~ 2 h(诱导 GST 融合蛋白表达)

> 取 1 mL 液体培养物放于做好标记的微量离心管
> 中,室温 500 r/min 离心 3 min,弃上清

> 各管沉淀重悬于 300 μL 冰浴预冷的磷酸钠盐
> 缓冲液(PBS)中

> 用超声波发生器破碎细胞,至细胞悬液成半透
> 明;4℃ 高速离心 5 min,弃沉淀

> 每管上清加 50 μL150% 谷胱甘肽琼脂糖珠混悬液,室温轻柔
> 混匀,分别加入 1 mL 不同的 PBS,悬起,高速离心 5 s,弃
> 上清,收集琼脂糖珠。重复用 PBS 洗涤 2 次

> 沉淀中加入 SDS - PAGE 电泳缓冲液,100℃ 处理 2 min,
> SDS - PAGE

【研究任务】

1. 构建融合蛋白表达载体(选做)。

2. 利用 SDS - PAGE 电泳检测融合蛋白的相对分子质量,分析相对分子质量异常的原因。

【参考建议】

设计本实验前,需要阅读一些有关书籍与文献,掌握原核基因工程和亲和层析法分离纯化蛋白质的基本原理和操作技术。

附录一　实验报告范例

范例一

实验名称　考马斯亮蓝法测定蛋白质含量

课程名称　　　　生物化学　　　　　　　　　**指导教师**　　　　　　　　　　　　　

实验人姓名　　　　　　　　　　　　　　　　**专业班级**　　　　　　　　　　　　　

实验日期　　　　　　　　　　　　　　　　　**实验成绩**　　　　　　　　　　　　　

【实验目的】

　　1. 掌握考马斯亮蓝染色法定量测定蛋白质的原理与方法。

　　2. 熟悉分光光度计的使用和操作方法。

【实验原理】

　　考马斯亮蓝 G250 与蛋白质通过范德瓦耳斯力结合形成的蓝色复合物,最大光吸收峰在 595 nm。在一定蛋白质浓度范围内($1\sim1\,000\ \mu g/mL$),蛋白质-染料复合物的 A_{595} 值与蛋白质含量成正比,故可用于蛋白质的定量测定。

【实验过程】

实验步骤	操作记录	备注
1. 标准曲线制作	取试管 6 支并编号,配制梯度浓度的蛋白质标准溶液	严格按实验 8 表格中的量加入各种试剂,混匀
	向各管加入考马斯亮蓝试剂 3.0 mL,混匀,放置 5 min 后,测定 A_{595} 值: A_1　　　A_2　　　A_3　　A_4　　　A_5　　　A_6	充分混匀各管内容物;以 1 号管为空白对照,进行调零
	以 A_{595} 为纵坐标,标准蛋白质含量为横坐标,绘制标准曲线。或以 A_{562} 值(y)为纵坐标,蛋白质浓度(x)为横坐标,利用 Excel 表格的统计功能,导出回归方程 $y=ax+b$	
2. 样品蛋白质提取	称取新鲜小麦叶片约 400 mg,加水 5 mL,匀浆,离心,取上清液。残渣用 2 ml 水悬浮,再次离心,合并上清液并定容至 10 mL,混匀	准确记录叶片鲜重值,以便计算样品蛋白质含量;选择适宜的离心速度和时间,保证上清液澄清

续 表

实验步骤	操 作 记 录	备 注
3. 样品蛋白质含量测定	取试管 3 支,各取样品提取液 0.1 mL,加入考马斯亮蓝试剂 3.0 ml,充分混匀,放置 5 min 后,测 A_{595} 值 　　A_1　　　　A_2　　　　A_3 分别在标准曲线上查出样品液中蛋白质含量: 　　m_1　　　m_2　　　m_3　　　$\overline{m}$ 或利用标准曲线回归方程,根据 A_{562} 测定值(y),换算出蛋白浓度(x)并取其平均值	以制作标准曲线的 1 号管为空白对照,进行调零;所加各种溶液体积要准确,以减小误差
4. 实验结束	(时间)	

【实验结果】

此处粘贴标准曲线图
(A_{595} 为纵坐标,标准蛋白质含量为横坐标)
或书写回归方程 $y = ax + b$

计算:

根据在标准曲线上查出的样品液中蛋白质含量平均值($\overline{m}$),或用标准曲线回归方程换算出的蛋白质浓度平均值($\overline{x}$),按如下公式计算出小麦叶片中的蛋白质含量(单位: μg/g 鲜重)。

$$样品蛋白质含量(\mu g/g 鲜重) = \frac{\overline{m}(\mu g) \times 提取液总体积(mL)}{测定所取提取液体积(mL) \times 样品鲜重(g)}$$

【结果分析】

考马斯亮蓝染色法测定蛋白质含量不但过程简捷、操作简单,而且灵敏度高、重复性和线性关系好,易于在限定课时内顺利完成各项操作和测定。

制作标准曲线是生物检测分析的一项基本技术。但在以 A_{595} 值对标准蛋白质含量绘制标准曲线时,发现个别点偏离直线,不成线性,计算出的线性回归方程相关系数(r)偏低。试验证明,要改善本实验中标准曲线的线性关系、提高样品测定的准确度,应注意如下事项:

(1) 玻璃仪器要洗涤干净,保持干燥,避免因带入水等液体而使蛋白质标准溶液或样品液的浓度发生改变。

（2）取量要准确，以减小误差。若标准曲线线性关系不理想，可重复做几次，直线应过原点；待测样品液至少应设 3 个重复，取其平均值。全部测定尽可能使用同一套分光光度计及比色皿。

（3）用分光光度法测物质的含量，一定要用被测物质以外的物质（本实验用生理盐水）作空白对照。

（4）蛋白质-考马斯亮蓝复合物并非太稳定，随着时间的延长，测量值有增大的趋势。测定时最好在试剂加入后的 $5\sim20$ min 内测定 A_{595} 值，因为在这段时间内颜色是最稳定的。

（5）测定时，考马斯亮蓝易吸附在比色皿表面，对后续测定造成影响，所以测定结束后应立即用无水乙醇清洗比色皿。

【思考题解答】

1. 考马斯亮蓝法测定蛋白质含量的原理是什么？应如何克服不利因素对测定的影响？

答：（略）

2. 为什么标准蛋白质应用微量凯氏定氮法测定纯度？

答：（略）

范例二

课程名称_____生物化学_____ 指导教师_____

实验名称__蛋白质印迹法（Western Blotting）_____

实验操作者姓名_____ 班级_____

日期_____ 室温_____30℃_____

【实验目的】

1. 学习蛋白质印迹法的基本原理。

2. 掌握蛋白质印迹法的操作技术。

【实验原理】

将待测的蛋白质样品进行 SDS - PAGE 垂直板电泳，利用电转移方法将凝胶中的蛋白质转移并固定到 NC 膜上，然后依次经过抗原与一抗、一抗与酶标二抗的特异性结合以及最后的酶显色反应，在 NC 膜上出现特异色带，参考标准蛋白质相对分子质量，计算抗原蛋白的相对分子质量。

【实验记录】

操 作 时 间	实验操作记录	备 注
8:00～10:00	配制新鲜 APS;取出 4℃保存的试剂使其温度升至室温	
10:00～10:50	制备 SDS-PAGE 垂直板凝胶	分离胶实际聚合时间：10 min,浓缩胶聚实际合时间：5 min
10:50～11:00	处理蛋白样品	
11:00～11:15	拔梳子,加样: 1 号槽:标准蛋白质　　　　　10 μL 2 号槽:阳性对照　　　　　　30 μL 3 号槽:阴性对照　　　　　　30 μL 4 号槽:样品 1　　　　　　　30 μL 5 号槽:样品 2　　　　　　　30 μL 6 号槽:样品 3　　　　　　　30 μL 7 号槽:样品 4　　　　　　　30 μL 8 号槽:样品 5　　　　　　　30 μL	
11:15～13:45	电泳:恒压 150 V	1、2 号槽的溴酚蓝指示剂移动速度稍慢
13:45～13:50	终止电泳,剥胶	戴乳胶手套操作
13:50～14:20	浸润凝胶、滤纸和 NC 膜	戴乳胶手套操作
14:20～14:35	安装半干式电转移单元	已完全除净气泡
14:35～14:50	电转移:恒流 50 mA	电压由开始的 15 V 升至最后的 20 V
14:50～15:05	丽春红 S 染色总蛋白,用铅笔标注标准蛋白质谱带,脱色	膜上具有清晰的蛋白质谱带,标准蛋白质分布合理,但是某些蛋白质谱带稍有扭曲,并有几个白色斑点
15:05～17:05	封阻	
17:05～17:20	漂洗:5 min×3	
17:20～19:20	一抗孵育:一抗稀释倍数为 1∶500	
19:20～19:35	漂洗:5 min×3	
19:35～20:05	二抗孵育:辣根过氧化物酶标记的 IgG,稀释倍数为 1∶1 500	二抗生产厂家:华美 货号:IB00231 有效期:××××/×
20:05～20:20	漂洗:5 min×3	
20:20～20:23	显色	振摇显色过程中,逐渐出现深褐色显色谱带,但同时背景颜色也变深

续　表

操作时间	实验操作记录	备　注
20:23～20:35	用蒸馏水终止反应	
20:35～20:50	自然风干 NC 膜	
20:50	实验结束	

【实验结果】

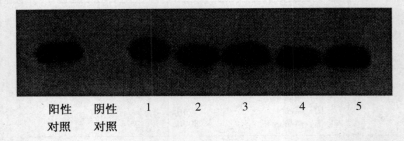

阳性　　阴性　　1　　2　　3　　4　　5
对照　　对照

【结果分析】

　　从实验结果可以看出,在 5 种待测样品中均含有我们所要的抗原蛋白,由于设置了阳性对照和阴性对照,结果是可靠的。

　　但是在实验过程和结果中也出现了许多问题,下面一一进行分析。

出现的问题	分析原因	解决办法
凝胶聚合速度过快	环境温度高;催化剂用量多	在温度较为平稳且低于 25℃ 的环境中进行电泳实验;适当减少催化剂用量
检测出的抗原蛋白不完全在一条直线上,蛋白质谱带稍有扭曲	凝胶聚合速度快导致聚合不均匀;电泳时电流过高产热大,凝胶发生变形	配制凝胶时要摇匀,并且控制凝胶聚合速度;降低电泳电压,接冷凝水
显色后背景颜色深	阻断效果不好;抗体浓度过大;漂洗时间短	延长封阻时间,尝试更换阻断剂;降低一抗和二抗浓度;适当增加漂洗时间
背景中有许多深褐色小点	抗体中含有聚合沉淀;漂洗时间短	抗体过滤后使用;适当增加漂洗时间
膜上具有浅色斑点	电转移单元中各层之间接触不好,有气泡	除净气泡
特异性谱带太宽	加样量太多	适当减少加样量

【思考题解答】

1. 简述 SDS - PAGE 测定蛋白质相对分子质量的原理。

答：（略）

2. 综合分析影响 NC 膜上特异性谱带检测结果的因素。

答：（略）

3. 如何严格地设计蛋白质印迹中的对照实验？如何判断假阳性？

答：（略）

附录二 生物化学实验常用参考数据

一、常用酸碱的相关数据

名　　称	分子式	相对分子质量	密　度/ (g/cm³)	质量分数/%	物质的量浓度/ (mol/L)	配制 1 mol/L 溶液加入量(mL)	主 要 性 质
无水乙酸 (冰醋酸)	CH₃COOH	60.05	1.05	99.5	17.4	57.5	刺鼻性气味,有腐蚀性
乙　酸	CH₃COOH	60.05	1.045	36	6.27	159.5	刺鼻性气味,有腐蚀性
甲　酸	HCOOH	46.02	1.22	90	23.6	42.7	刺激性味
盐　酸	HCl	36.47	1.19	37.2	12.0	86.2	强腐蚀性
硝　酸	HNO₃	63.02	1.42	70.98	16.0	62.5	强腐蚀性
硫　酸	H₂SO₄	98.09	1.84	95.6	18.0	55.6	腐蚀性极强,易吸水
磷　酸	H₃PO₄	98.06	1.71	85	14.7	68.0	对皮肤有刺激作用
高氯酸	HClO₄	100.46	1.67	70	11.65	85.8	强腐蚀性会发生爆炸
氨　水 (氢氧化铵)	NH₄OH	35.05	0.904	27	14.3	67.6	腐蚀性
氢氧化钾	KOH	56.10	1.52	50	13.5	74.1	强腐蚀性
			1.09	10	1.94	515.5	
氢氧化钠	NaOH	40.01	1.53	50	19.1	52.4	强腐蚀性
			1.11	10	2.75	363.6	

二、常用缓冲溶液

1. 磷酸氢二钠-磷酸二氢钠缓冲液(0.2 mol/L)

pH	0.2 mol/L Na₂HPO₄/mL	0.2 mol/L NaH₂PO₄/mL	pH	0.2 mol/L Na₂HPO₄/mL	0.2 mol/L NaH₂PO₄/mL
5.8	8.0	92.0	7.0	61.0	39.0
5.9	10.0	90.0	7.1	67.0	33.0
6.0	12.3	87.7	7.2	72.0	28.0
6.1	15.0	85.0	7.3	77.0	23.0
6.2	18.5	81.5	7.4	81.0	19.0
6.3	22.5	77.5	7.5	84.0	16.0
6.4	26.5	73.5	7.6	87.0	13.0
6.5	31.5	68.5	7.7	89.5	10.5
6.6	37.5	62.5	7.8	91.5	8.5
6.7	43.5	56.5	7.9	93.0	7.0
6.8	49.0	51.0	8.0	94.7	5.3
6.9	55.0	45.0			

注: $Na_2HPO_4 \cdot 2H_2O$ $M_r = 178.05$, 0.2 mol/L 溶液为 35.61 g/L; $Na_2HPO_4 \cdot 12H_2O$ $M_r = 358.22$, 0.2 mol/L 溶液为 71.64 g/L; $NaH_2PO_4 \cdot H_2O$ $M_r = 138.01$, 0.2 mol/L 溶液为 27.6 g/L; $NaH_2PO_4 \cdot 2H_2O$ $M_r = 156.03$, 0.2 mol/L 溶液为 31.21 g/L。

2. 磷酸氢二钠-磷酸二氢钾缓冲液（1/15 mol/L）

pH	1/15 mol/L Na$_2$HPO$_4$/mL	1/15 mol/L KH$_2$PO$_4$/mL	pH	1/15 mol/L Na$_2$HPO$_4$/mL	1/15 mol/L KH$_2$PO$_4$/mL
4.92	0.10	9.90	7.17	7.00	3.00
5.29	0.50	9.50	7.38	8.00	2.00
5.91	1.00	9.00	7.73	9.00	1.00
6.24	2.00	8.00	8.04	9.50	0.50
6.47	3.00	7.00	8.34	9.75	0.25
6.64	4.00	6.00	8.67	9.90	0.10
6.81	5.00	5.00	8.78	10.00	0.00
6.98	6.00	4.00			

注：Na$_2$HPO$_4$ · 2H$_2$O M_r=178.05，1/15 mol/L 溶液为 11.876g/L；KH$_2$PO$_4$ M_r=136.09，1/15 mol/L 溶液为 9.078g/L。

3. 磷酸氢二钠-柠檬酸缓冲液

pH	0.2 mol/L Na$_2$HPO$_4$/mL	0.1 mol/L 柠檬酸/mL	pH	0.2 mol/L Na$_2$HPO$_4$/mL	0.1 mol/L 柠檬酸/mL
2.2	0.40	19.60	5.2	10.72	9.28
2.4	1.24	18.76	5.4	11.15	8.85
2.6	2.18	17.82	5.6	11.60	8.40
2.8	3.17	16.83	5.8	12.09	7.91
3.0	4.11	15.89	6.0	12.63	7.37
3.2	4.94	15.06	6.2	13.22	6.78
3.4	5.70	14.30	6.4	13.85	6.15
3.6	6.44	13.56	6.6	14.55	5.45
3.8	7.10	12.90	6.8	15.45	4.55
4.0	7.71	12.29	7.0	16.47	3.53
4.2	8.28	11.72	7.2	17.39	2.61
4.4	8.82	11.18	7.4	18.17	1.83
4.6	9.35	10.65	7.6	18.73	1.27
4.8	9.86	10.14	7.8	19.15	0.85
5.0	10.30	9.70	8.0	19.45	0.55

注：Na$_2$HPO$_4$ M_r=141.98，0.2 mol/L 溶液为 28.40 g/L；Na$_2$HPO$_4$ · 2H$_2$O M_r=178.05，0.2 mol/L 溶液为 35.61 g/L；柠檬酸（C$_6$H$_8$O$_7$ · H$_2$O）M_r=210.14，0.1 mol/L 溶液为 21.01 g/L。

4. 磷酸二氢钾-氢氧化钠缓冲液（0.05 mol/L，20℃）

x mL 0.2 mol/L KH$_2$PO$_4$溶液＋ y mL 0.2 mol/L NaOH 溶液，加水稀释至 20 mL。

pH	x/mL	y/mL	pH	x/mL	y/mL
5.8	5	0.372	7.0	5	2.963
6.0	5	0.570	7.2	5	3.500
6.2	5	0.860	7.4	5	3.950
6.4	5	1.260	7.6	5	4.280
6.6	5	1.780	7.8	5	4.520
6.8	5	2.365	8.0	5	4.680

5. 柠檬酸-柠檬酸钠缓冲液(0.1 mol/L)

pH	0.1 mol/L 柠檬酸溶液/mL	0.1 mol/L 柠檬酸钠溶液/mL	pH	0.1 mol/L 柠檬酸溶液/mL	0.1 mol/L 柠檬酸钠溶液/mL
3.0	18.6	1.4	5.0	8.2	11.8
3.2	17.2	2.8	5.2	7.3	12.7
3.4	16.0	4.0	5.4	6.4	13.6
3.6	14.9	5.1	5.6	5.5	14.5
3.8	14.0	6.0	5.8	4.7	15.3
4.0	13.1	6.9	6.0	3.8	16.2
4.2	12.3	7.7	6.2	2.8	17.2
4.4	11.4	8.6	6.4	2.0	18.0
4.6	10.3	9.7	6.6	1.4	18.4
4.8	9.2	10.8			

注:柠檬酸($C_6H_8O_7 \cdot H_2O$)$M_r=210.14$,0.1 mol/L 溶液为 21.01 g/L;柠檬酸钠($Na_3C_6H_5O_7 \cdot 2H_2O$)$M_r=294.12$,0.1 mol/L 溶液为 29.41 g/L。

6. Tris-盐酸缓冲液(0.05 mol/L)

x mL 0.2 mol/L Tris(三羟甲基氨基甲烷)溶液＋y mL 0.1 mol/L HCl 溶液,加水稀释至 100 mL。

pH 23℃	pH 37℃	x/mL	y/mL	pH 23℃	pH 37℃	x/mL	y/mL
7.20	7.05	25	45.0	8.23	8.10	25	22.5
7.36	7.22	25	42.5	8.32	8.18	25	20.0
7.54	7.40	25	40.0	8.40	8.27	25	17.5
7.66	7.52	25	37.5	8.50	8.37	25	15.0
7.77	7.63	25	35.0	8.62	8.48	25	12.5
7.87	7.73	25	32.5	8.74	8.60	25	10.0
7.96	7.82	25	30.0	8.92	8.78	25	7.5
8.05	7.90	25	27.5	9.10	8.95	25	5
8.14	8.00	25	25.0				

注:Tris $M_r=121.14$,0.2 mol/L 溶液为 24.23 g/L。

7. 巴比妥钠-盐酸缓冲液（18℃）

pH	0.04 mol/L 巴比妥钠溶液/mL	0.2 mol/L 盐酸溶液/mL	pH	0.04 mol/L 巴比妥钠溶液/mL	0.2 mol/L 盐酸溶液/mL
6.8	100	18.4	8.4	100	5.21
7.0	100	17.8	8.6	100	3.82
7.2	100	16.7	8.8	100	2.52
7.4	100	15.3	9.0	100	1.65
7.6	100	13.4	9.2	100	1.13
7.8	100	11.47	9.4	100	0.70
8.0	100	9.39	9.6	100	0.35
8.2	100	7.21			

注：巴比妥钠 M_r=206.18，0.04 mol/L 溶液为 8.25 g/L。

8. 甘氨酸-盐酸缓冲液（0.05 mol/L）

x mL 0.2 mol/L 甘氨酸溶液＋ y mL 0.2 mol/L 盐酸溶液，加水稀释至 200 mL。

pH	0.2 mol/L 甘氨酸溶液/mL	0.2 mol/L 盐酸溶液/mL	pH	0.2 mol/L 甘氨酸溶液/mL	0.2 mol/L 盐酸溶液/mL
2.2	50	44.0	3.0	50	11.4
2.4	50	32.4	3.2	50	8.2
2.6	50	24.2	3.4	50	6.4
2.8	50	16.8	3.6	50	5.0

注：甘氨酸 M_r=75.07，0.2 mol/L 溶液为 15.01 g/L。

9. 甘氨酸-氢氧化钠缓冲液（0.05 mol/L）

x mL 0.2 mol/L 甘氨酸溶液＋ y mL 0.2 mol/L NaOH 溶液，加水稀释至 200 mL。

pH	0.2 mol/L 甘氨酸溶液/mL	0.2mol/L NaOH 溶液/mL	pH	0.2 mol/L 甘氨酸溶液/mL	0.2mol/L NaOH 溶液/mL
8.6	50	4.0	9.6	50	22.4
8.8	50	6.0	9.8	50	27.2
9.0	50	8.8	10.0	50	32.0
9.2	50	12.0	10.4	50	38.6
9.4	50	16.8	10.6	50	45.5

注：甘氨酸 M_r=75.07，0.2 mol/L 溶液为 15.01 g/L。

10. 乙酸-乙酸钠缓冲液(0.2 mol/L,18℃)

pH	0.2 mol/L NaAc 溶液/mL	0.2mol/L HAc 溶液/mL	pH	0.2 mol/L NaAc 溶液/mL	0.2mol/L HAc 溶液/mL
3.6	0.75	9.25	4.8	5.90	4.10
3.8	1.20	8.80	5.0	7.00	3.00
4.0	1.80	8.20	5.2	7.90	2.10
4.2	2.65	7.35	5.4	8.60	1.40
4.4	3.70	6.30	5.6	9.10	0.90
4.6	4.90	5.10	5.8	9.40	0.60

注：$NaAc \cdot 3H_2O$ $M_r = 136.09$,0.2 mol/L 溶液为 27.22 g/L。

11. 碳酸钠-碳酸氢钠缓冲液(0.1 mol/L)

Ca^{2+}、Mg^{2+} 存在时不得使用。

pH 20℃	pH 37℃	0.1 mol/L Na_2CO_3 溶液/mL	0.1 mol/L $NaHCO_3$ 溶液/mL	pH 20℃	pH 37℃	0.1 mol/L Na_2CO_3 溶液/mL	0.1 mol/L $NaHCO_3$ 溶液/mL
9.16	8.77	1	9	10.14	9.90	6	4
9.40	9.12	2	8	10.28	10.08	7	3
9.51	9.40	3	7	10.53	10.28	8	2
9.78	9.50	4	6	10.83	10.57	9	1
9.90	9.72	5	5				

注：$Na_2CO_3 \cdot 10H_2O$ $M_r = 286.2$,0.1 mol/L 溶液为 28.62 g/L;$NaHCO_3$ $M_r = 84.0$,0.1 mol/L 溶液为 8.40 g/L。

12. 硼砂-硼酸缓冲液(0.2 mol/L)

pH	0.05 mol/L 硼砂溶液/mL	0.2mol/L 硼酸溶液/mL	pH	0.2 mol/L 甘氨酸溶液/mL	0.2mol/L 盐酸溶液/mL
7.4	1.0	9.0	8.2	3.5	6.5
7.6	1.5	8.5	8.4	4.5	5.5
7.8	2.0	8.0	8.7	6.0	4.0
8.0	3.0	7.0	9.0	8.0	2.0

注：硼砂($Na_2B_4O_7 \cdot 10H_2O$)$M_r = 381.43$,0.05 mol/L 溶液为 19.07 g/L;硼酸(H_3BO_3)$M_r = 61.84$,0.2 mol/L 溶液为 12.37 g/L。硼砂易失去结晶水,必须密闭保存。

三、硫酸铵饱和度的常用计算表

1. 调整硫酸铵溶液饱和度计算表(25℃)

硫酸铵终质量浓度,饱和度/%

硫酸铵初质量浓度,饱和度/%	10	20	25	30	33	35	40	45	50	55	60	65	70	75	80	90	100
	1 L 溶液加固体硫酸铵的质量 * /g																
0	56	114	144	176	196	209	243	277	313	351	390	430	472	516	561	662	767
10		57	86	118	137	150	183	216	251	288	326	365	406	449	494	592	694
20			29	59	78	91	123	155	189	225	262	300	340	382	424	520	619
25				30	49	61	93	125	158	193	230	267	307	348	390	485	583
30					19	30	62	94	127	162	198	235	273	314	356	449	546
33						12	43	74	107	142	177	214	252	292	333	426	522
35							31	63	94	129	164	200	238	278	319	411	506
40								31	63	97	132	168	205	245	285	375	469
45									32	65	99	134	171	210	250	339	431
50										33	66	101	137	176	214	302	392
55											33	67	103	141	179	264	353
60												34	69	105	143	227	314
65													34	70	107	190	275
70														35	72	153	237
75															36	115	198
80																77	157
90																	79

* 在 25℃下,硫酸铵由初质量浓度调到终质量浓度时,1 L 溶液所加固体硫酸铵的质量(g)。

2. 调整硫酸铵溶液饱和度计算表(0℃)

硫酸铵初质量浓度,饱和度/%	20	25	30	35	40	45	50	55	60	65	70	75	80	85	90	95	100
0	10.6	13.4	16.4	19.4	22.6	25.8	29.1	32.6	36.1	39.8	43.6	47.6	51.6	55.9	60.3	65.0	69.7
5	7.9	10.8	13.7	16.6	19.7	22.9	26.2	29.6	33.1	36.8	40.5	44.4	48.4	52.6	57.0	61.5	66.2
10	5.3	8.1	10.9	13.9	16.9	20.0	23.3	26.6	30.1	33.7	37.4	41.2	45.2	49.3	53.6	58.1	62.7
15	2.6	5.4	8.2	11.1	14.1	17.2	20.4	23.7	27.1	30.6	34.3	38.1	42.0	46.0	50.3	54.7	59.2
20	0	2.7	5.5	8.3	11.3	14.3	17.5	20.7	24.1	27.6	31.2	34.9	38.7	42.7	46.9	51.2	55.7
25		0	2.7	5.6	8.4	11.5	14.6	17.9	21.1	24.5	28.0	31.7	35.5	39.5	43.6	47.8	52.2
30			0	2.8	5.6	8.6	11.7	14.8	18.1	21.4	24.9	28.5	32.3	36.2	40.2	44.5	48.8
35				0	2.8	5.7	8.7	11.8	15.1	18.4	21.8	25.4	29.1	32.9	36.9	41.0	45.3
40					0	2.9	5.8	8.9	12.0	15.3	18.7	22.2	25.8	29.6	33.5	37.6	41.8
45						0	2.9	5.9	9.0	12.3	15.6	19.0	22.6	26.3	30.2	34.2	38.3
50							0	3.0	6.0	9.2	12.5	15.9	19.4	23.0	26.8	30.8	34.8
55								0	3.0	6.1	9.3	12.7	16.1	19.7	23.5	27.3	31.3
60									0	3.1	6.2	9.5	12.9	16.4	20.1	13.1	27.9
65										0	3.1	6.3	9.7	13.2	16.8	20.5	24.4
70											0	3.2	6.5	9.9	13.4	17.1	20.9
75												0	3.2	6.6	10.1	13.7	17.4
80													0	3.3	6.7	10.3	13.9
85														0	3.4	6.8	10.5
90															0	3.4	7.0
95																0	3.5
100																	0

(表头:硫酸铵终质量浓度,饱和度/%；100 mL溶液加固体硫酸铵的质量*/g)

* 在0℃下,硫酸铵由初质量浓度调到终质量浓度时,100 mL溶液所加固体硫酸铵的质量(g)。

3. 不同温度下饱和硫酸铵溶液

温度/℃	0	10	20	25	30
1 L 水用硫酸铵饱和所需物质的量/mol	5.35	5.53	5.73	5.82	5.91
质量分数/%	41.42	42.22	43.09	43.47	43.85
1 L 水用硫酸铵饱和所需质量/g	706.8	730.5	755.8	766.8	777.5
1 L 饱和溶液中硫酸铵的质量/g	514.8	525.2	536.5	541.2	545.9
饱和溶液的量浓度/(mol/L)	3.90	3.97	4.06	4.10	4.13

四、离心机转数(r/min)与相对离心力(RCF)的换算

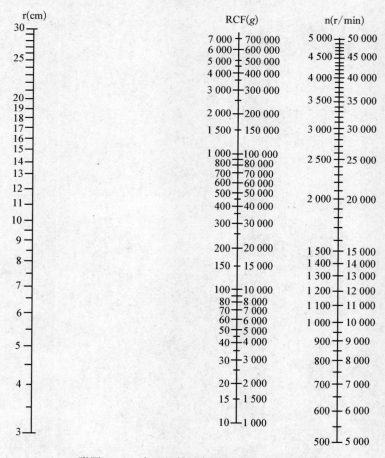

附图 2-1　离心机转速与相对离心力列线图

r 为离心机头的半径(角头),或离心管中轴底部内壁到离心机转轴中心的距离(甩平头),单位为 cm。RCF 为相对离心力,以重力加速度的倍数表示,一般用 g(或数字×g)表示。n 为离心机每分钟的转数,单位为 r/min。

相对离心力由以下公式计算而来：

$$RCF = 1.119 \times 10^{-5} \times r \times n^2$$

将离心机转数换算为相对离心力时，首先在 r 标尺上取已知的半径和 n 标尺上取已知的离心机转数，然后将这两点连成一条直线，在图中间 RCF 标尺上的交叉点即为相应的相对离心力数值。注意，若已知转数值处于 n 标尺的右边，则应读取 RCF 标尺右边的数值；同样，转数值处于 n 标尺的左边，则读取 RCF 标尺左边的数值。

主要参考文献

陈小萍,林国斌,郑丽红,等,1999. 影响动物肝糖原测定因素的分析.中国卫生检验杂志,9(4):281～282.

陈曾燮,刘兢,罗丹,1994. 生物化学实验. 合肥:中国科学技术大学出版社.

董晓燕,2021. 生物化学实验. 第三版. 北京:化学工业出版社.

郭尧君,2001. 蛋白质电泳实验技术. 北京:科学出版社.

郭勇,2003. 现代生化技术. 广州:华南理工大学出版社.

黄如彬,丁昌玉,林厚怡,1995. 生物化学实验教程. 北京:世界图书出版公司.

李合生,2001. 植物生理生化实验原理和技术. 北京:高等教育出版社.

李俊,张冬梅,陈钧辉,2020. 生物化学实验. 第六版. 北京:科学出版社.

李如亮,1998. 生物化学实验. 武汉:武汉大学出版社.

厉朝龙,2000. 生物化学与分子生物学实验技术. 杭州:浙江大学出版社.

卢圣栋,1999. 现代分子生物学实验技术. 第二版. 北京:中国协和医科大学出版社.

萨姆布鲁克,拉塞尔,2002. 分子克隆实验指南. 第三版. 黄培堂等译. 北京:科学出版社.

苏拔贤,1998. 生物化学制备技术. 北京:科学出版社.

汪炳华,2002. 医学生物化学实验技术. 武汉:武汉大学出版社.

汪家政,范明,2000. 蛋白质技术手册. 北京:科学出版社.

王宪泽,2002. 生物化学实验技术原理和方法. 北京:中国农业大学出版社.

王秀奇,秦淑媛,高天慧,1999. 基础生物化学实验. 第二版. 北京:高等教育出版社.

吴冠云,潘华珍,吴翚,2000. 生物化学与分子生物学实验常用数据手册. 北京:科学出版社.

萧能赓,余瑞元,袁明秀,2005. 生物化学实验原理和方法.第二版. 北京:北京大学出版社.

熊忠,肖钊宝,1996. 简便快速肝糖原的分光光度测定法. 生物学杂志(4):33.

赵亚华,2000. 生物化学实验技术教程. 广州:华南理工大学出版社.

赵永芳,2002. 生物化学技术原理及应用. 第三版. 北京:科学出版社.

周楠迪,崔文璟,田亚平,2020. 生物化学实验指导. 第2版. 北京:高等教育出版社.

Alison O N, Peter M K, David E P,et al.,2017. Accurate quantification of nucleic acids using hypochromicity measurements in conjunction with UV spectrophotometry. Anal. Chem., 89(24):13567 - 13574.

Bradford M M,1976. A rapid and sensitive method for the quantitation of microgram quantities of protein utilizing the principle of protein - dye Binding. Anal. Biochem., 72:248 - 254.

ENLITEN® TP Assay System Bioluminescence Detection Kit for ATP, Technical Bulletin No. 267, Promega.

LaRossa R A,1998. Bioluminescence methods and protocols. Methods in Molecular Biology,102:129 - 141.

Schumacher R J, Hurt R, Sullivan W P,et al., 1994. ATP-dependent chaperoning activity of reticulocyte lysate. The Journal of Biological Chemistry, 269: 9493 – 9499.

Shirley B A, 1995. Protein stability and folding. Methods in Molecular Biology, 40: 65 – 84.

Smith P K, Krohn R I, Hermanson G T, et al., 1985. Measurement of protein using bicinchoninic acid. Analytical Biochemistry, 150: 76 – 85.